数林外传 系列

跟大学名师学中学数学

美妙的曲线

◎ 肖果能 编著

中国科学技术大学出版社

内 容 简 介

本书是一本普及性的数学读物.全书分3章:第1章首先讨论曲线的意义,给出多种方法产生曲线,从而多角度多方面地认识和理解曲线,然后讨论曲线的表示及研究曲线的几类基本方法;第2章是曲线名题赏析,讨论关于曲线及其应用的一些典型的例子,进一步揭示相关的曲线的性质;第3章讨论曲线族及其包络.

阅读本书只需具备中学数学基础,只要熟悉几何、代数及微积分的初步知识(这些知识高中生都已经具备)就可以顺利地阅读本书,本书适合于中学及大学低年级学生、中学教师和数学爱好者.

图书在版编目(CIP)数据

美妙的曲线/肖果能编著.—合肥:中国科学技术大学出版社,2016.8(2020.4 重印)

(数林外传系列:跟大学名师学中学数学)

ISBN 978-7-312-03979-9

Ⅰ.美… Ⅱ.肖… Ⅲ.曲线—青少年读物 Ⅳ.O123.3-49

中国版本图书馆 CIP 数据核字(2016)第 194824 号

出版	中国科学技术大学出版社
	安徽省合肥市金寨路 96 号,230026
	http://press.ustc.edu.cn
	https://zgkxjsdxcbs.tmall.com
印刷	安徽省瑞隆印务有限公司
发行	中国科学技术大学出版社
经销	全国新华书店
开本	880 mm×1230 mm 1/32
印张	5
字数	121 千
版次	2016 年 8 月第 1 版
印次	2020 年 4 月第 2 次印刷
定价	20.00 元

曲线之美　美哉曲线

（代序）

（一）

曲线是美妙的,形形色色的曲线(包括直线)装点了我们这个绚丽多彩的世界,画家们用画笔描绘世界的美丽离不了婀娜多姿的线条.

曲线之美是多层次的.

曲线是美丽的几何图形,它蜿蜒舒展,优雅而飘逸,……这是曲线的形式美,这种美给人以感性的视觉上的满足与享受.

不同的曲线有各自不同的生成方式和内在性质.圆的切线垂直于过切点的半径,即圆的切线与切点对于圆心的向径成定角 $\alpha = \dfrac{\pi}{2}$.如果切线与向径成的定角 $\alpha \neq \dfrac{\pi}{2}$,那么生成的曲线就不是圆而是对数螺线(等角螺线).椭圆、抛物线、双曲线是具有各不相同性质的点的轨迹,在直角坐标系中有不同的方程;但它们都是用平面截圆锥的截线,所不同的是截平面与圆锥的相对位置不同;并且,在引入离心率的概念后,在极坐标系中它们的方程有统一的形式.……曲线的这些深刻的性质是曲线的内在美,这种美给人以理性的心灵上的满足与享受.

曲线在理论和应用上都有十分重要的意义.周知,在平地上投掷物体,如果不计人的身高和空气的阻力,则物体沿抛物线运动,并且当投掷方向与地面成 $\dfrac{\pi}{4}$ 的角度时物体在水平方向投掷的距离最远；又如果 A, B 是同一铅直平面上不同高度的两点，直觉上可能认为物体沿线段 AB 从 A 滑动至 B 所需时间最短，而实际上物体沿通过 A, B 的摆线从 A 到 B 所历时间最短；齿轮的齿廓应该设计为圆的渐开线；行星和人造卫星的轨道为椭圆；……曲线的这种理论和应用上的意义体现了研究曲线的价值，它给人以认识和利用自然规律的自信.

研究曲线，有初等几何的综合法，解析几何的坐标法，高等数学的微分、积分法，这些方法把数与形紧密地融合在一起，蕴藏着丰富而深刻的数学思想. 人类在长期的实践和探索中积累和发展的这些系统的方法，展示了人类认识自然的能力与手段.

（二）

在日常生活中我们每天都接触到许许多多具体的曲线；在数学中我们都学习过圆、圆锥曲线、正（余）弦曲线……但若要问"什么是曲线"，恐怕多数人都会茫然不知. 事实上，要给"曲线"这个概念以一个恰当的定义并不是一件容易的事，所以我们常常对"曲线"这个概念作常识意义下的理解.

如果我们不满足于常识，那么，我们可以请教逻辑学. 逻辑学在讲述给概念下定义时有所谓"生成定义"，例如，圆的生成定义是"固定线段的一个端点并将其绕这个端点旋转一周时线段的另一个端点所画出的曲线". 生成一条曲线有许许多多的方式和方法：曲线是具有某种性质的点的轨迹（点的集合）；曲线是质点在某种条件下或按某种方式运动的轨道；曲线是某个平面区域的边界或相邻的两个平面区域的分界线；曲线是用平面截曲面的截痕（截线）；……正是这许许多多不同的方法产生了形形色色的曲线，也从不同的方面或角度界定了曲线的意义.

要注意的是每个特定的方式产生的是一类特殊的曲线,所以我们所研究的是许许多多具体的曲线而没有得到曲线的一般定义.这是一个有趣的现象,因为它有别于其他许多数学问题的讨论.人们习惯地认为数学问题的讨论或数学理论的建立总是从定义出发的,例如"数列",我们是将数列定义为"按顺序排列的一列数"或"整序变量的函数",然后再讨论等比数列、高阶等差数列、递归数列等具体数列的.但对于曲线的研究并不这样.这种现象正好反映"一般"与"特殊"、"抽象"与"具体"的关系,正如我们虽然不关心也不了解"房屋"这个概念的精确定义,并且谁也不可能看到纯粹意义下的房屋,但并不妨碍我们考察"北京的四合院、天津的洋楼",设计和建造"上海的摩天大厦".

(三)

学习有关曲线的知识和研究曲线的方法有着十分重要的意义.

首先,"数"和"形"是数学的两类最重要的对象,而学习和研究数学要注意"数形结合":在"数"的研究方面要注意概念和结论的几何意义,在"形"的研究上要引入"数"的方法.曲线在本质上是"形",而在研究方法上却离不开"数".所以它是"数形结合"的最好的范例.学习曲线的知识有利于形成"数形结合"的思想方法和思维习惯.

其次,初等数学和高等数学是数学发展的两个主要阶段,而曲线的研究恰好处于两个阶段相互衔接的结合部.导数是微分学的基本概念,导数概念的来源之一就是对于曲线的切线的研究,导数的几何意义就是切线的斜率;而曲线作为函数的图像是学习高等数学不可或缺的几何工具.学习曲线的知识可以帮助学生顺利地从初等数学转入高等数学,使进入大学的学生很快适应大学数学的学习.

(四)

目前似乎很少见到属于国内作者的广泛而系统地论述曲线的普及性的读物,作者觉得应该有一些这样的读物,故不揣浅陋,将自己长期以来对于曲线的学习和思考的所得整理成章奉献于读者,希望对读者有切实的帮助,亦期起到"抛砖引玉"的作用.

拙作是一本普及性的读物.作者认为这类读物应该着眼于培养兴趣,扩大知识面,提高能力,增进修养,拙作亦秉承这样的宗旨.全书分3章:第1章首先讨论曲线的意义,给出多种方法产生曲线,从而多角度多方面地认识和理解曲线,然后讨论曲线的表示及研究曲线的几类基本方法;第2章是曲线名题赏析,讨论关于曲线及其应用的一些典型的例子,进一步揭示相关的曲线的性质;第3章讨论曲线族及其包络.

阅读拙作只需具备中学数学基础,只要熟悉几何、代数及微积分的初步知识(这些知识高中生都已经具备)就可以顺利地阅读本书,本书适合于中学及大学低年级学生、中学教师和数学爱好者.本书内容是系统的,但其各部分相对独立,读者可以随意选读自己感兴趣的章节.

美哉曲线! 在我们感叹曲线世界的美妙时,愿拙作能伴你在这个美妙的世界里徜徉,辗转,流连,……

目　　录

1　形形色色的曲线

曲线是一类几何图形.本书只讨论平面曲线(简称曲线,其中包括直线),其本质是一类平面点集.首先我们讨论产生曲线的各种方法,实际上是从不同的方面揭示"曲线"这个概念的意义;其次给出曲线的各种表示法;然后讨论研究曲线的几类最重要的方法:综合法(几何方法)、代数法(坐标方法)和分析法(微积分法).

1.1　曲线的意义

在日常生活和数学中,我们看到过和学习过许许多多的曲线.这些曲线是由各种各样的方法产生(或生成)的,这些方法从不同的角度界定了曲线这个概念的意义,丰富了这个概念的"外延".

1.1.1　作为点的轨迹的曲线

在初等几何和解析几何中,我们已经熟悉圆、椭圆、抛物线、双曲线,它们都是作为具有某种几何性质的点的轨迹来定义的.对这样定义的曲线有以下两个最基本的要求.

(1)纯粹性:曲线上的点都具有所要求的性质;

(2)完备性:具有所要求的性质的点都在曲线上.

用点的轨迹确定曲线是一种常见的初等方法,我们在中学数学中就已经熟悉这种方法.

要指出的是,同样的曲线可以有不同的定义方法(例如,抛物线还可以定义为二次函数的图像,抛出的质点的运动轨道,或截平面平行于圆锥的一条母线时与圆锥相截的截线等);也可以用不同的性质确定为点的轨迹(例如,圆可以定义为"到定点的距离等于定长的点的轨迹",也可以用下面例1的方式确定).

例1 求"到两定点的距离之比等于定值(不等于1)的点的轨迹".

解 如图1.1.1所示,设两定点为 P,E 且 ρ,σ 为给定的正数,不妨设 $\rho>\sigma$. 设 M 为动点,满足

$$MP:ME = \rho:\sigma. \tag{1}$$

以 E 为原点,直线 PE 为纵轴建立直角坐标系,记点 P 的坐标为 $P(0,-b)$.

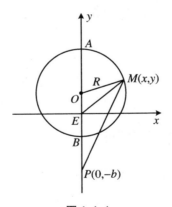

图 1.1.1

设点 M 的坐标为 $M(x,y)$,则

$$MP = \sqrt{x^2 + (y+b)^2}, \quad ME = \sqrt{x^2 + y^2}.$$

由式(1)得

$$\rho\sqrt{x^2 + y^2} = \sigma\sqrt{x^2 + (y+b)^2},$$

两边平方并整理,得

$$x^2 + \left(y - \frac{\sigma^2 b}{\rho^2 - \sigma^2}\right)^2 = \left(\frac{\rho\sigma b}{\rho^2 - \sigma^2}\right)^2. \tag{2}$$

由解析几何, 式(2)表示以 $O\left(0, \frac{\sigma^2 b}{\rho^2 - \sigma^2}\right)$ 为原点, $R = \frac{\rho\sigma b}{\rho^2 - \sigma^2}$ 为半径的圆.

在式(2)中取 $x = 0$, 可得此圆与纵轴的两个交点:

$$A\left(0, \frac{\sigma b}{\rho - \sigma}\right), \quad B\left(0, \frac{-\sigma b}{\rho + \sigma}\right).$$

它们恰分别是依式(1)中的定比分线段 PE 的外分点和内分点, 而线段 AB 的中点恰为圆心, 即 AB 为圆的直径. 于是我们得到: "到两定点的距离之比等于定值(不等于1)的点的轨迹是以依此定比划分连接这两点的线段的外分点和内分点的连线为直径的圆." 我们当然也可以用这个轨迹来定义圆, 但我们不会这样做, 因为它太过复杂而不便于进一步的研究.

例1中的圆称为阿波罗圆, 它由定点 P, E 及定值 ρ, σ 确定. 我们用 $A(P, E)$ 表示对应于点 P, E 的阿波罗圆或其包含的圆面, 这时, 称外分点 A 为对应的阿波罗点.

阿波罗圆在实际问题中是有意义的. 假设炮口在点 P 的榴弹炮发射炮弹时, 处在点 E 的坦克正以速度 σ 沿直线 EQ 全速前进, 炮弹的速度为 ρ. 如果榴弹炮瞄准 E 点发射, 则当炮弹到达 E 时, 坦克早已离开 E, 所以不能击中坦克. 要想击中坦克, 瞄准时必须有一定的"提前量". 设炮弹在直线 EQ 上的 M 点击中坦克, 则炮弹与坦克同时到达 M, 因而

$$MP : ME = \rho : \sigma.$$

故点 M 在由定点 P, E 及定值 ρ, σ 确定的阿波罗圆上, 即 M 恰是直线 EQ 与此阿波罗圆的交点, 炮弹应瞄准 M 点才能击中坦克. 所以, 我们可以利用阿波罗圆确定瞄准时的提前量.

在第 2 章中我们还将深入讨论阿波罗圆在一个平面追及问题中的应用.

1.1.2 作为质点运动轨道的曲线

曲线也可以理解为质点运动的轨道,抛物线就是这样产生的:从地面上抛出一质点并考察质点在重力作用下(不计空气阻力)的运动,质点运动的轨道即为抛物线.

例 2 求斜抛物体的轨道方程.

设质点以初速 v 抛出, v 在水平方向和竖直方向的分量分别记为 v_1 和 v_2, 如图 1.1.2 所示. 由于不计空气阻力, 质点在水平方向作匀速直线运动; 在重力的作用下, 质点在竖直方向作匀加速直线运动, 其加速度为 g (重力加速度). 若从质点抛出时开始计时, 则在时刻 t, 质点的水平速度保持为 v_1, 而质点在竖直方向的速度则为

$$v_2(t) = v_2 - gt, \tag{3}$$

走过的水平路程 x 及在竖直方向达到的高度 y 分别为

$$x = v_1 t,$$
$$y = v_2 t - \frac{1}{2} g t^2. \tag{4}$$

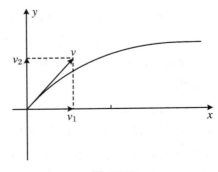

图 1.1.2

如果以抛射点为原点,过原点的水平线和竖直线为坐标轴,则式(4)就是作为运动轨道的抛物线的参数方程.从式(4)中消去 t,得抛物线的方程

$$y = -\frac{g}{2v_1^2}x^2 + \frac{v_2}{v_1}x. \tag{5}$$

式(5)是关于 x 的二次函数.

质点到达最大高度时 $v_2(t) = 0$,由式(3)可知质点到达最大高度的时刻为 $t = \dfrac{v_2}{g}$,此后质点开始下落,于时刻 $\dfrac{2v_2}{g}$ 落到地面.故整个运动过程历时 $\dfrac{2v_2}{g}$,而质点所走过的水平距离为

$$s = \frac{2v_1v_2}{g}. \tag{6}$$

注意到 $v^2 = v_1^2 + v_2^2$ 为常数,将式(6)改写为

$$s = \frac{2v_1v_2}{g} = \frac{v_1^2 + v_2^2 - (v_1 - v_2)^2}{g} = \frac{v^2 - (v_1 - v_2)^2}{g},$$

则可知当 $v_1 = v_2$ 时 s 取极大值,即当抛射角为 $45°$ 时质点的水平射程最大.

旋轮线也是作为质点运动轨道的一个典型的例子,它是由"旋轮"(车轮旋转)产生的,我们将其抽象为下面的数学定义:一个圆在一条直线上无滑动地滚动,圆周上一个定点的运动轨道称为旋轮线(亦称摆线).

例3 建立直角坐标系并求旋轮线的方程.

解 如图1.1.3所示,设运动开始时圆与直线相切于点 O,以点 O 为原点、定直线为横轴建立直角坐标系.考察圆上的点 O 的运动轨道.

设圆的半径为 a,当点 O 由原点运动到点 A 时,圆心的位置记为点 C,圆与横轴的切点记为点 B,而 $\angle ACB = \varphi$,则

$$|OB| = \overset{\frown}{AB} = a\varphi,$$

故 A 点的坐标 (x, y) 满足关系式

$$x = OB - AC\sin\varphi = a\varphi - a\sin\varphi = a(\varphi - \sin\varphi),$$
$$y = BC - AC\cos\varphi = a - a\cos\varphi = a(1 - \cos\varphi).$$

(7)

这就是旋轮线的方程.

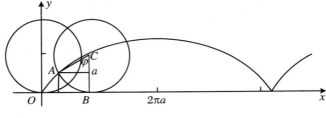

图 1.1.3

　　旋轮线也称为(圆)摆线,它在工程问题和物理问题中都有应用,在下一章中我们将看到旋轮线恰是物理学中的"最速下降问题"的解,所以它又称为"最速降线".

　　如果将圆滚动所沿的直线改为一个定圆,则当动圆在定圆外(内)沿圆周无滑动地滚动时,圆周上一个定点的运动轨道称为外(内)摆线(图 1.1.4).

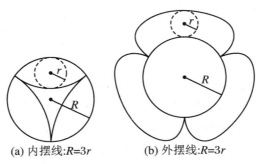

(a) 内摆线:$R=3r$　　　　(b) 外摆线:$R=3r$

图 1.1.4

1.1.3 作为函数图像的曲线

函数的图像就是在已经建立的直角坐标系中坐标满足函数关系的点的轨迹.由函数的图像可以产生许许多多的曲线,这时,函数表达式就是曲线的方程.

在中学代数中我们知道二次函数的图像是抛物线(如图 1.1.5 所示),所以抛物线的一般方程是

$$y = ax^2 + bx + c \quad (a \neq 0). \tag{8}$$

函数的本质属性是"单值性":对于自变量的每一个值,有唯一的函数值与其对应.因而,在选定的坐标系中,每一条与纵轴平行的直线和作为图像的曲线最多只有一个交点.

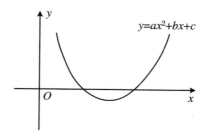

图 1.1.5

上面我们已多次提到抛物线:它是一类点的轨迹,又是运动的质点的轨道,还是二次函数的图像,其实这三者都可以统一为二次函数的图像.事实上,前面的式(5)已经为二次函数;而在解析几何中我们已经在适当选定的坐标系中建立了作为一类轨迹的抛物线的方程为

$$y^2 = 2px.$$

交换 x 与 y(即将坐标系旋转 $90°$)即得

$$y = \frac{1}{2p}x^2.\tag{9}$$

式(9)具有式(8)的形式.

作为函数图像的曲线有现成的方程(即函数关系式),我们可以依据方程研究曲线的性质.下面的例 4 给出了抛物线的一个有趣的性质.

我们知道,同心圆是位似形,因而所有的圆都相似.有趣的是,对于抛物线我们有类似的结论.

例 4　证明:所有的抛物线都相似.

证明　用配方法将抛物线的方程(8)化为

$$y = a\left(x + \frac{b}{2a}\right)^2 + \frac{1}{4a}(4ac - b^2).$$

作变量代换(即将坐标原点移到抛物线的顶点),有

$$X = x + \frac{b}{2a},$$

$$Y = y - \frac{1}{4a}(4ac - b^2),$$

则抛物线的方程化为

$$Y = aX^2.$$

由此可见,若不计位置,则抛物线的形状由系数 a 决定.

取顶点都在原点的两条抛物线:

$$p_1 : Y = a_1 X^2, \quad p_2 : Y = a_2 X^2.$$

设过原点的直线 $l : Y = kX (k \neq 0)$ 与这两条抛物线分别相交于点 M_1, M_2(图 1.1.6),则点 M_1, M_2 的横坐标分别为

$$X_1 = \frac{k}{a_1}, \quad X_2 = \frac{k}{a_2},$$

故

$$OM_1 : OM_2 = a_2 : a_1,$$

与 k 无关,因而 p_1,p_2 是位似形(位似系数为 $\dfrac{a_2}{a_1}$),所以相似(相似

比为 $\dfrac{a_2}{a_1}$).由此可知,所有的抛物线都相似.

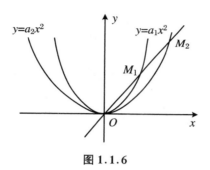

图 1.1.6

类似于二次函数及其图像抛物线,用三次函数的图像可以定义三次抛物线,在第 2 章中我们将用坐标方法讨论三次函数及三次抛物线的性质.

1.1.4 作为平面截曲面的截痕的曲线

两个平面相交,交线是直线;用平面截球面,截线是圆;当平面垂直于圆柱或圆锥的轴时,截线也是圆.可见平面曲线可以是用平面截曲面产生的截线.这方面最著名的例子就是圆锥曲线:作为轨迹,椭圆、抛物线、双曲线有不同的定义;但作为截线,它们都可以由平面截圆锥面而得到(只是平面与圆锥面的相对位置有所不同),因而统称为"圆锥曲线".

例 5 用平面截圆锥面产生圆锥曲线.

(1)圆锥面.

如图 1.1.7 所示,在三维空间取一水平面 Q 及其上的一个圆周 c,过圆心作 Q 的垂线 h 并在其上取一点 O,P 是圆 c 上的一点,

作直线 OP. 现固定点 O, 让点 P 沿圆周 c 运动一周, 直线 OP 扫过的曲面称为圆锥面. 点 O 称为圆锥面的顶点, OP 称为母线.

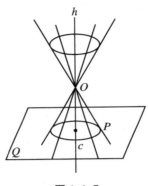

图 1.1.7

　　点 O 将圆锥面分成上下两部分, 分别称为圆锥面的上部和下部. 直线 h 称为圆锥面的中轴, 过 h 的平面称为圆锥面的中轴面.

　　一个球, 如果它与圆锥面的每一条母线都相切, 则称其内切于圆锥面. 显然与圆锥面相切的球只含于圆锥面的上部或下部, 而所有切点的轨迹是圆锥面上的一个圆.

　　(2) 椭圆.

　　如图 1.1.8 所示, 过圆锥面的顶点 O 作平面 P', 除点 O 外 P' 与圆锥面无其他公共点. 平面 P 与 P' 平行且与圆锥面相截于曲线 e.

　　考察圆锥面的任一轴截面, 线段 AB 是平面 P 与轴截面的交线, A, B 在圆锥面上. 点 I, I' 分别是 $\triangle OAB$ 的内心与旁心, 相应的内切圆与旁切圆切 AB 于点 F 和 F'. 现将平面 P 及 P 上的两点 A, B 固定, 而将轴截面绕轴旋转, 则内切圆和旁切圆生成为与圆锥面内切的两个球, 切点的轨迹为圆 c, c'. 这两个球亦与平面 P 相

切于点 F,F'.

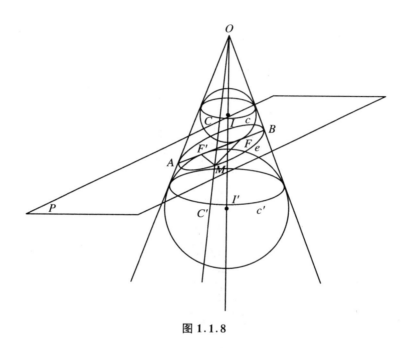

图 1.1.8

设 M 为截线 e 上的任一点,圆锥的母线 OM 分别交圆 c,c' 于点 C,C',则 MF,MC 与球 I 相切,MF',MC' 与球 I' 相切. 由"从球外一点作球的切线,这点与切点之间的线段有定长",可知

$$MF = MC, \quad MF' = MC',$$

因而

$$MF + MF' = MC + MC' = CC'.$$

由于 CC' 是圆锥面的母线被定圆 c,c' 截得的定长线段,因此点 M 到点 F,F' 的距离之和为定长,依定义,截线 e 是椭圆.

(3) 双曲线.

如图 1.1.9 所示,过圆锥面的顶点 O 作与圆锥相交的平面 P',

平面 P 与 P' 平行且与圆锥面上、下两部分分别相截于曲线 h，h' 两支，球 I，I' 与圆锥面及平面 P 相切，其中与圆锥面的切点的轨迹为圆 c，c'，而与平面 P 相切于点 F，F'．

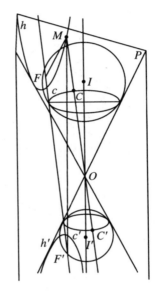

图 1.1.9

设 M 为截线上的任一点，不妨设点 M 在 h 上．圆锥的母线 OM 分别交圆 c，c' 于点 C，C'，则 MF，MC 与球 I 相切，MF'，MC' 与球 I' 相切，因而

$$MF = MC，\quad MF' = MC'，$$

因而

$$MF' - MF = MC' - MC = CC'．$$

由于 CC' 是圆锥面的母线被定圆 c，c' 截得的定长线段，因此点 M 到 F，F' 的距离之差为定长，依定义，截线 h，h' 恰是双曲线的两支．

（4）抛物线.

如图 1.1.10 所示，过圆锥的一条母线 l' 作平面 P' 与圆锥面相切，平面 P 平行于平面 P' 截圆锥面于截线 p，作球内切于圆锥面且切平面 P 于点 F，球与圆锥面的切点的轨迹为圆 c，c 所在的平面记为 Q，平面 Q 与平面 P，P' 分别相交于直线 a，a'，$a /\!/ a'$.

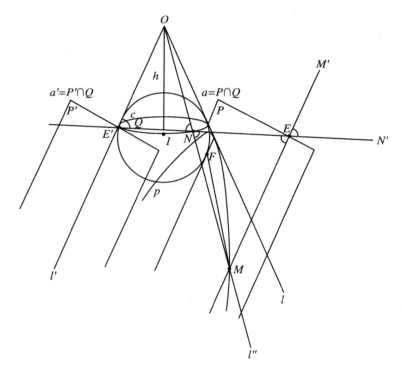

图 1.1.10

圆锥的中轴线 h 垂直于平面 Q，a' 在 Q 内，故 $h \perp a'$；a' 与圆 c 相切于点 E'，故 a' 又垂直于圆 c 的过切点 E' 的半径，由三垂线定理，可知 $a' \perp l'$.

在截线 p 上任取一点 M,连接 MF;设圆锥的母线 OM 交圆 c 于点 N,则 MF,MN 都是所作的球的切线,因而 $MF = MN$.

作直线 $E'N'$ 经过点 N,则 $E'N'$ 与 a 都在平面 Q 上,记 $E'N'$ 与 a 的交点为 E. E 在 a 上,故 E 在平面 P 上;又 M,E' 分别在平面 P,P' 上,故由 M,E,E' 决定的平面与平行平面 P 和 P' 分别截于直线 MEM' 和 l',因而 $ME /\!/ l'$. 又 $a /\!/ a'$,$a' \perp l'$,故 $ME \perp a$,即 ME 恰是 M 到直线 a 的距离.

易知 $\triangle OE'N$ 为等腰三角形,故 $\angle OE'N = \angle ONE'$. 于是可得

$$\angle MEN = \angle M'EN' = \angle OE'N = \angle ONE' = \angle MNE,$$

故 $MN = ME$;又已经证明 $MF = MN$,因而 $MF = ME$,即点 M 到点 F 的距离与到直线 a 的距离相等,依定义,p 是抛物线.

1.1.5　由实际问题产生的曲线

现实生活中我们常常看到各种曲线,有许多曲线是由实际问题产生的,悬链线就是其中的一例:取一无伸缩性且屈曲自由的均匀细线,将其两端系在同一水平线上的 A,B 两点,任其自由下垂,此时细线所弯成的曲线称为悬链线.

例 6　试求悬链线的方程.

解　设细线自由下垂,最低点为 C,取通过点 C 的水平线和铅直线为坐标轴建立直角坐标系. 显然,悬链线关于纵轴对称.

如图 1.1.11 所示,在弧 ACB 上任取一点 $P(x,y)$,考察 CP 这段弧的受力情况.

(1) 重力 G:其方向垂直向下,其大小等于 CP 这段细线的重量. 若细线的线密度为 r,而 CP 弧长为 s,则 $G = rs$.

(2) 张力 T:它是 BP 这段细线对于 CP 的作用,其方向在过点

P 的切线方向,切线与横轴正向的夹角记为 φ.

(3) 张力 H:它是 AC 这段细线对于 CP 的作用,其方向在过点 C 的切线方向.由于 C 是最低点,而曲线是光滑的,故切线在水平方向.

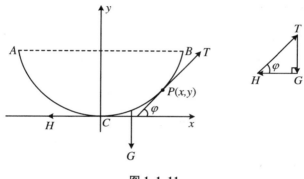

图 1.1.11

在平衡状态下,这三个力应组成力的三角形,这是一个直角三角形,故

$$T\cos\varphi = H, \quad T\sin\varphi = G, \quad \tan\varphi = \frac{G}{H}.$$

又由 $G = rs$,故 $\tan\varphi = \dfrac{rs}{H}$,若记 $a = \dfrac{H}{r}$,则 $\tan\varphi = \dfrac{s}{a}$.根据微分学中导数的几何意义及弧长的微分公式

$$\frac{\mathrm{d}y}{\mathrm{d}x} = \tan\varphi, \quad \frac{\mathrm{d}s}{\mathrm{d}x} = \sqrt{1 + \left(\frac{\mathrm{d}y}{\mathrm{d}x}\right)^2},$$

代入即得

$$\frac{\mathrm{d}s}{\mathrm{d}x} = \sqrt{1 + \left(\frac{\mathrm{d}y}{\mathrm{d}x}\right)^2} = \sqrt{1 + \left(\frac{s}{a}\right)^2},$$

此即

$$\frac{\mathrm{d}s}{\mathrm{d}x} = \frac{\sqrt{s^2 + a^2}}{a}.$$

这是关于 s 的微分方程. 分离变量得

$$\frac{\mathrm{d}s}{\sqrt{s^2 + a^2}} = \frac{\mathrm{d}x}{a},$$

两边分别积分得

$$\int \frac{\mathrm{d}s}{\sqrt{s^2 + a^2}} = \int \frac{\mathrm{d}u}{\sqrt{u^2 + 1}} \quad \left(u = \frac{s}{a} \right)$$

$$= \int \frac{\mathrm{d}(\mathrm{sh}\ t)}{\mathrm{ch}\ t} = \int \frac{\mathrm{ch}\ t\,\mathrm{d}t}{\mathrm{ch}\ t} \quad (u = \mathrm{sh}\ t)$$

$$= t = \mathrm{arcsh}\ \frac{s}{a},$$

又

$$\int \frac{\mathrm{d}x}{a} = \frac{x}{a},$$

故得

$$\mathrm{arcsh}\ \frac{s}{a} = \frac{x}{a} + k \quad (k \ 为常数).$$

但当 $x = 0$ 时 $s = 0$,故得 $k = 0$,因而

$$\mathrm{arcsh}\ \frac{s}{a} = \frac{x}{a},$$

由此得

$$s = a\,\mathrm{sh}\ \frac{x}{a}.$$

但 $\dfrac{s}{a} = \tan \varphi = \dfrac{\mathrm{d}y}{\mathrm{d}x}$,故

$$\frac{\mathrm{d}y}{\mathrm{d}x} = \mathrm{sh}\ \frac{x}{a},$$

积分得

$$y = \int \operatorname{sh} \frac{x}{a} \mathrm{d}x = a \operatorname{ch} \frac{x}{a} + k \quad (k \text{ 为常数}).$$

而当 $x = 0$ 时 $y = 0$，故

$$y = a \operatorname{ch} \frac{x}{a} - a.$$

这就是悬链线对于所选择的坐标系的方程. 如果我们将横轴向下平移一段距离 a，则悬链线的方程取更简单的形式

$$y = a \operatorname{ch} \frac{x}{a}.$$

1.1.6　由特定性质确定的曲线

我们知道圆的一项重要性质：圆的切线垂直于过切点的半径. 若以圆心为极点建立极坐标系，则"过切点的半径"就是切点的向径. 因而圆上任意一点的向径与过这点的切线垂直. 事实上，这个性质是圆的特征性质，圆作为曲线即由这个性质确定.

例 7　求证：曲线 C 是圆，当且仅当存在一点 O，使曲线上每点对于点 O 的向径（即点 O 到这点的有向线段）与过这点的切线垂直.

证明　必要性显然. 我们用微积分方法给出充分性的一个十分简洁的证明：

如图 1.1.12 所示，以点 O 为原点建立直角坐标系，设曲线的方程为 $y = y(x)$，M 是曲线上的一点，向径 OM 与横轴的夹角为 α，过点 M 的切线与横轴的夹角为 β.

由导数的几何意义可得

$$\frac{\mathrm{d}y}{\mathrm{d}x} = \tan \beta = \tan \left(\alpha + \frac{\pi}{2} \right) = -\cot \alpha = -\frac{x}{y},$$

故得

$$x\mathrm{d}x + y\mathrm{d}y = 0,$$

积分得

$$x^2 + y^2 = c^2 \quad （常数）.$$

这是圆心在原点的圆的方程.

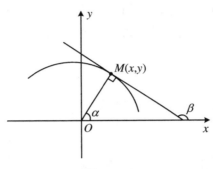

图 1.1.12

　　与圆类似,有些曲线具有某种特定的性质,曲线本身即由这种性质确定.等角螺线、最速降线(摆线)就是这样的曲线.

　　如果曲线上的每一点对于某定点的向径与过这点的切线所夹的角为定角(但不等于直角,否则此曲线为圆),那么,称这样的曲线为等角螺线.换言之,等角螺线是由"向径与切线成定角(不为直角)"这种特性确定的.当然,我们应该证明等角螺线的存在性,为此,只需建立等角螺线的方程.

　　例8　求等角螺线的方程.

　　如图 1.1.13 所示,设在直角坐标系中曲线的方程为 $y = f(x)$,$M(x,y)$ 为曲线上的一点,OM 的斜率为 $k_1 = \dfrac{y}{x}$,与横轴的夹角为 α_1;曲线上过点 M 的切线 TM 与横轴的夹角为 α_2,切线的斜率为 $k_2 = \dfrac{\mathrm{d}y}{\mathrm{d}x}$,则切线 TM 与向径 OM 的夹角满足

$$\tan \alpha = \tan(\alpha_2 - \alpha_1) = \frac{k_2 - k_1}{1 + k_1 k_2}$$

$$= \frac{\dfrac{\mathrm{d}y}{\mathrm{d}x} - \dfrac{y}{x}}{1 + \dfrac{y\mathrm{d}y}{x\mathrm{d}x}} = \frac{x\mathrm{d}y - y\mathrm{d}x}{x\mathrm{d}x + y\mathrm{d}y}. \tag{10}$$

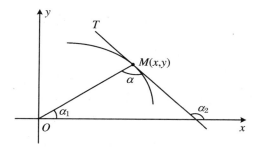

图 1.1.13

此式亦可转换为极坐标,令

$$x = r\cos\theta,$$

$$y = r\sin\theta,$$

则有

$$\frac{y}{x} = \frac{\sin\theta}{\cos\theta},$$

$$\frac{\mathrm{d}y}{\mathrm{d}x} = \frac{\dfrac{\mathrm{d}y}{\mathrm{d}\theta}}{\dfrac{\mathrm{d}x}{\mathrm{d}\theta}} = \frac{r'\sin\theta + r\cos\theta}{r'\cos\theta - r\sin\theta},$$

代入式(10)并化简,可得

$$\tan\alpha = \frac{r}{r'}. \tag{11}$$

对于等角螺线,其上每点的向径与该点处的切线的夹角 α 为定角(不为直角),则角的正切 $\tan\alpha$ 为常数,记为 a,由式(11)可得

$$\frac{r}{r'} = a,$$

故

$$r' = \frac{\mathrm{d}r}{\mathrm{d}\theta} = \frac{r}{a}, \qquad \frac{\mathrm{d}r}{r} = \frac{\mathrm{d}\theta}{a},$$

积分得

$$\ln r = \frac{\theta}{a} + c_1 \quad （c_1 \text{ 为常数}），$$

由此得等角螺线的极坐标方程为

$$r = \mathrm{e}^{\frac{\theta}{a} + c_1} = c\mathrm{e}^{\frac{\theta}{a}} \quad （c \text{ 为常数}）.$$

由特征性质确定曲线的另一个著名的例子是最速降线. 设 A, B 是同一铅直平面上不同高度的两点, "质点在重力的作用下沿通过 A, B 的光滑曲线从 A 到 B, 并且要求所历时间最短", 由这个性质确定的曲线称为最速降线. 直觉上可能认为质点沿线段 AB 从 A 滑动至 B 所需时间最短, 而实际上质点沿通过 A, B 的摆线从 A 到 B 所历时间最短. 换言之, 摆线可以由这个特性确定, 所以摆线又可称为最速降线, 在第 2 章中我们将用微分法导出最速降线的方程.

1.1.7　作为区域边界或分界线的曲线

曲线可以作为平面区域的边界或相邻的两个平面区域的分界线.

例 9　如图 1.1.14 所示, 假设要在半径为 R 的大圆管上垂直地接上一个半径为 r 的小圆管, 我们可以先在大圆管上用半径为 r 的钻头钻一个孔, 然后把小管接上. 但如果我们直接用白铁皮制作这个装置, 那么在做大管时, 可以先在铁皮上挖出一个孔, 使做成大管后这个孔刚好可以接上小管. 这就需要知道钻了孔的大管在展开成平面后孔的边缘形成的封闭曲线. 试求这条曲线.

解　如图 1.1.15 所示, 大管是一个圆柱面, 圆柱的中轴线为

a. 在圆柱面上取一点 O,作 $OP \perp a$ 于点 P,过点 P 且与 a 垂直的平面 π 截圆柱面,截口是半径为 R 的圆周 c_1. 钻头沿 OP 的方向在圆柱面上钻一孔,孔的边缘在圆柱面上,是一条空间曲线,M' 是孔的边缘上的一点,$AM'B$ 是孔的边缘上的一段,作 $M'N' /\!/ a$ 交圆 c_1 于点 N',则 $M'N'$ 在圆柱面的一条母线上. 连 PN' 且设 $\angle OPN' = \theta$,则 $\overset{\frown}{ON'} = R\theta$.

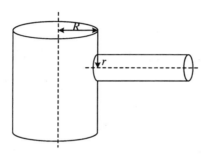

图 1.1.14

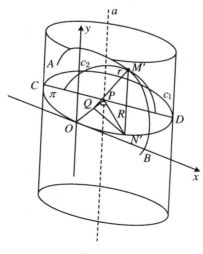

图 1.1.15

　　过点 M' 作平面垂直于 OP，则孔的边缘在此平面上的正投影是半径为 r 的圆 c_2，c_2 的圆心 Q 在线段 OP 上，而 M' 在 c_2 上。连半径 QM'。因为 $OP \perp$ 圆面 c_2，故 $OP \perp QM'$；而 $M'N' \perp \pi$，故 $OP \perp M'N'$，由此可知，$OP \perp \triangle QM'N'$ 所在的平面，因而 $OP \perp QN'$，即 $\angle PQN'$ 为直角。在直角三角形 PQN' 中，$PN' = R$，$\angle OPN' = \theta$，故 $QN' = R\sin\theta$；又 $M'N' \perp \pi$，故 $\triangle M'N'Q$ 是直角三角形，而

$$M'N'^2 = M'Q^2 - N'Q^2 = r^2 - (R\sin\theta)^2.$$

　　以圆 c_1 的过点 O 的切线为横轴、圆柱的过点 O 的母线为纵轴建立直角坐标系，将圆柱面沿与孔的边缘不相交的母线剪开并展开在坐标平面上，这时，圆周 c_1 恰好落在横轴上。展开后孔的边缘为坐标面上的一条封闭曲线，显然，坐标轴为其两条互相垂直的对称轴，而原点 O 为曲线的对称中心。

　　设点 M' 展开后为曲线上的点 $M(x, y)$，作 MN 与横轴垂直于点 N（图 1.1.16），则

$$x = ON = \overset{\frown}{ON'} = R\theta,$$
$$y = MN = M'N' = \sqrt{r^2 - (R\sin\theta)^2}.$$

由此得 $\theta = \dfrac{x}{R}$，而曲线的方程为

$$\left(R\sin\frac{x}{R}\right)^2 + y^2 = r^2.$$

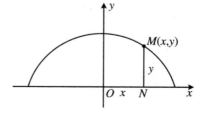

图 1.1.16

有了曲线的方程,则在下料时用描点的方法画出孔的边缘,这样,在加工焊接后我们已经预先留出了孔的位置.

在下章中我们还将看到曲线作为平面区域的边界或不同平面区域分界线的其他一些有趣的例子(如安全抛物线、可听域的边界线).

1.1.8　由已知曲线衍生的曲线

由已知曲线通过变换与操作可以产生新的曲线.

1. 由圆通过压缩变换产生椭圆

我们已知椭圆的定义与方程,并且椭圆是平面截圆锥面的一种截线.我们即将看到,椭圆还可以由圆经过压缩变换而得到.

设 l 是定直线,k 是正的实常数.对于平面上的任一点 P,作 $PQ \perp l$,点 Q 是垂足.在射线 QP 上确定一点 P',使

$$P'Q : PQ = k \quad (即 \ P'Q = kPQ).$$

把点 P 变成 P' 的变换称为"向着直线 l 的压缩变换",l 称为变换的轴,k 称为压缩系数.

如图 1.1.17 所示,设 C 是半径为 a 的圆,C 的方程为

$$x^2 + y^2 = a^2.$$

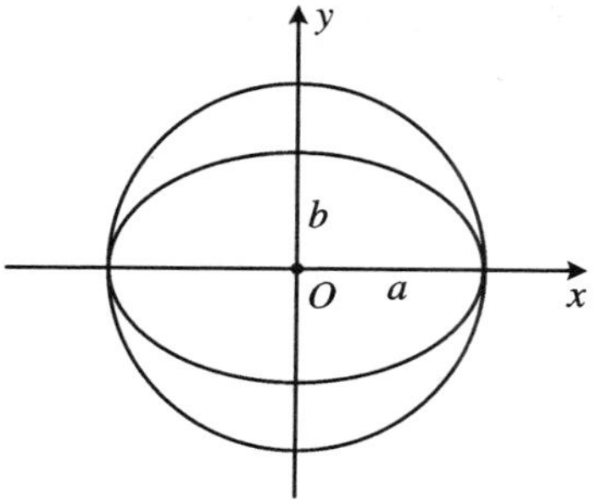

图 1.1.17

我们以横轴为轴,$k = \dfrac{b}{a}(b < a)$为压缩系数作压缩变换

$$x' = x,$$

$$y' = \frac{b}{a}y,$$

则圆 C 变为

$$\frac{x'^2}{a^2} + \frac{y'^2}{b^2} = 1.$$

这是长轴为 a,短轴为 b 的椭圆方程,故圆 C 经此压缩变换变为椭圆.

2. 圆的渐开线

设想在一个单位圆上依顺时针方向缠绕着一根无限长的细线,记圆心为 O,细线的端点为 A. 现将圆固定,以 O 为原点,OA 为横轴建立直角坐标系,从点 A 开始将细线拉直且依逆时针方向从圆上渐次展开,则端点 A 在坐标平面上画出一条曲线,称为圆的渐开线. 试在已建立的直角坐标系中求圆的渐开线的方程.

解　如图 1.1.18 所示,设细线在圆周上的一段弧 AB 展开成为线段 MB,M 是 A 到达的位置,则线段 MB 与弧 AB 长度相等,且与圆周相切于点 B. 设弧 AB 的弧度为 t,则弧长也为 t,因而线段 MB 的长度为 t.

设点 M 的坐标为 $M(x,y)$,从图 1.1.18 可以得到

$$x = ON = BF - BE = BM\sin(\pi - t) - OB\cos(\pi - t)$$
$$= t\sin t + \cos t,$$

$$y = MN = FN + MF = OB\sin(\pi - t) + BM\cos(\pi - t)$$
$$= \sin t - t\cos t,$$

于是,圆的渐开线的参数方程为

$$x = t\sin t + \cos t,$$
$$y = \sin t - t\cos t.$$

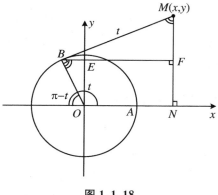

图 1.1.18

　　容易知道,如果将一条直线与一个定圆相切,然后将此直线在圆上无滑动地滚动,那么,直线上的每一点都画出圆的渐开线.

　　圆的渐开线在实际问题中也得到应用,例如,为了减少摩擦,人们将齿轮的齿廓设计成圆的渐开线的形状.

　　一般地,取一条已知曲线作为"母线",利用母线进行某种操作以衍生新的曲线,蔓叶线及蚌线与心脏线就是这样生成的,我们将在第 1.2 节中讨论.

　　上面我们给出了产生(或确定)曲线的几种方法.应该指出,这种种方法所产生的都是具体的曲线.它们从不同的方面扩大"曲线"这个概念的"外延",但都不曾给出曲线的定义.一般地回答"什么是曲线"的问题或给出曲线的定义不是本书的目的,对此,我们只在附录中作简要的说明.

1.2　曲线的表示

曲线有三种常用的表示法：特征性质表示、方程表示、复数表示．其中，曲线的方程有三种基本类型：直角坐标方程、极坐标方程、参数方程．

1.2.1　用特征性质表示曲线

用特征性质表示曲线有两种类型：

（1）用曲线上的点的特征性质表示，即将曲线表示为具有某种性质的点的轨迹，如圆、椭圆、抛物线、双曲线等都是这样确定的；

（2）用曲线本身的特征性质表示，如等角螺线、最速降线等．

这些都已经在前面讨论过．

应该指出的是，同一类曲线可以兼有这两种表示，例如，圆既可以用其点的特性定义为"到定点距离等于定长的点的轨迹"；也可以由其本身的特性"曲线上每点的向径与过这点的切线垂直"确定；下节还将证明"在周长一定的所有平面封闭曲线中所围面积最大的曲线必定是圆"，所以圆也就由其本身的这一极值特性而确定．

用特征性质表示曲线，一方面为用综合法研究曲线提供了基础；同时，从特征性质出发，引入坐标系以建立曲线方程，又为用代数方法研究曲线开启了途径．

1.2.2　用直角坐标方程表示曲线

在学习函数及解析几何时我们已经熟悉用直角坐标方程表示曲线．应该指出的是，曲线方程并不都是函数方程，例如，圆的方程

$x^2 + y^2 = r^2$ 就不是函数方程,因为圆并不表示函数关系.如果把它写成

$$y = \pm \sqrt{r^2 - x^2},$$

则此式实质上是两个函数关系式的合写.

例1 蔓叶线.

前面我们讨论过有些曲线可由已知曲线经变换或操作而生成,蔓叶线就是这样的一类曲线.我们讨论两种蔓叶线并用直角坐标方程表示.

1. 母线为圆的蔓叶线

如图 1.2.1 所示,以点 C 为圆心作半径为 a 的圆,OA 是圆的一条直径,l 是过点 A 的切线.对 l 上的一点 B,设线段 OB 交圆于点 D,在 OB 上取点 P,使 $OP = DB$.当点 B 在 l 上运动时,点 P 描画的曲线称为以圆 C 为母线的蔓叶线.直观地说,蔓叶线上的点 P 使线段 OP 恰等于射线 OP 夹在母线圆和直线 l 之间的线段:

$$OP = DB = OB - OD. \tag{1}$$

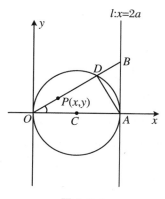

图 1.2.1

我们用直角坐标方程表示蔓叶线.以 O 为原点,直线 OA 为横

轴建立直角坐标系. 设点 P 的坐标为 $P(x,y)$,且记 $\angle AOB = \theta$. 由式(1)及

$$OP = \sqrt{x^2 + y^2},$$

$$OB = \frac{OA}{\cos\theta} = \frac{2a}{\cos\theta},$$

$$OD = OA\cos\theta = 2a\cos\theta,$$

可得

$$\sqrt{x^2 + y^2} = \frac{2a}{\cos\theta} - 2a\cos\theta = \frac{2a}{\cos\theta}(1 - \cos^2\theta)$$

$$= 2a\,\frac{\sin^2\theta}{\cos\theta} = 2a\sin\theta\tan\theta.$$

但 $\tan\theta = \dfrac{y}{x}$, $\sin\theta = \dfrac{y}{\sqrt{x^2 + y^2}}$,故

$$\sqrt{x^2 + y^2} = 2a \cdot \frac{y}{x} \cdot \frac{y}{\sqrt{x^2 + y^2}},$$

化简即得以圆 C 为母线的蔓叶线的方程

$$y^2 = \frac{x^3}{2a - x}.$$

2. 母线为矩形的蔓叶线

如图 1.2.2 所示,取矩形 $ABCD$,其边长为 $AB = 2a$,$BC = 2b$. 点 O 为 AD 的中点,直线 l 通过 BC. 对于 l 上的点 M,作 OM 交矩形的一边于点 N,在 OM 上截取 $OP = NM$. 当点 M 在直线 l 上运动时,点 P 描画的曲线称为以矩形 $ABCD$ 为母线的蔓叶线. 对此蔓叶线,显然有

$$OP = NM = OM - ON. \tag{2}$$

为了得到此蔓叶线的直角坐标方程表示,我们以 O 为原点,直线 AD 为纵轴建立直角坐标系,BC 交横轴于点 E,则 $OE =$

$2a$, $BE = CE = b$.

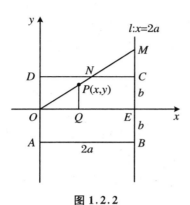

图 1.2.2

设点 P 的坐标为 $P(x,y)$.作 $PQ /\!/ y$ 轴交 x 轴于点 Q ,则 $OQ = x$, $PQ = y$,且

$$\triangle OPQ \backsim \triangle OME ,$$

故

$$\frac{PQ}{OQ} = \frac{ME}{OE} . \tag{3}$$

又 $OP = MN$,故

$$\triangle OPQ \cong \triangle NMC ,$$

因而

$$MC = PQ = y ,$$

$$ME = MC + CE = y + b ,$$

代入式(3),得

$$\frac{y}{x} = \frac{y + b}{2a} ,$$

化简即得以矩形 $ABCD$ 为母线的蔓叶线的方程

$$y = \frac{bx}{2a - x}.$$

例 2 给定线段 $BC = a$，求适合

$$\angle ACB = 2\angle ABC$$

的点 A 的轨迹.

解 所求轨迹是一条曲线，我们用直角坐标方程表示这条曲线.

如图 1.2.3 所示，以 B 为原点，BC 为横轴建立直角坐标系，设 $A(x,y)$ 是曲线上的一点，作 $AD \perp BC$ 于点 D，则

$$BD = x, \quad AD = y,$$

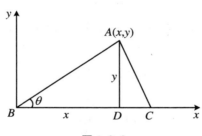

图 1.2.3

记 $BC = a$，则显然 $x \geqslant \dfrac{a}{2}$. 记 $\theta = \angle ABC$，则 $\angle ACB = 2\theta$. 而

$$x = BC - DC = a - y\cot 2\theta,$$

$$y = x\tan\theta,$$

由此得 $\tan\theta = \dfrac{y}{x}$，而

$$y = (a - x)\tan 2\theta = (a - x)\frac{2\tan\theta}{1 - \tan^2\theta}$$

$$= (a - x)\frac{2xy}{x^2 - y^2},$$

即

$$2x(a - x) = x^2 - y^2,$$

故得曲线方程

$$3x^2 - y^2 - 2ax = 0 \quad \left(x \geqslant \frac{a}{2} \right).$$

如果用配方法将方程化为

$$\frac{\left(x - \dfrac{a}{3} \right)^2}{\left(\dfrac{a}{3} \right)^2} - \frac{y^2}{\dfrac{a^2}{3}} = 1,$$

则可见这是一条双曲线的右支.

1.2.3　用极坐标方程表示曲线

1. 蚌线与心脏线

设 l 为定直线, a 为定长线段.

在 l 的一侧取定点 O, 对 l 上的点 M, 连接 OM 并延长 OM 至点 P, 使 $MP = a$. 当点 M 在 l 上变动时, 点 P 描画的曲线称为蚌线 (图 1.2.4).

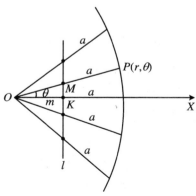

图 1.2.4

我们建立蚌线的极坐标方程. 取 O 为极点, 与 l 垂直的直线 OX 为极轴, 建立极坐标系. 设 OX 交 l 于点 K, 则 OK 为定长, 记 $OK = m$. 设

$$\angle POX = \theta, \quad OP = r,$$

则

$$OM = \frac{OK}{\cos \theta}, \quad MP = a,$$

$$r = OP = OM + MP = \frac{OK}{\cos \theta} + a = \frac{m}{\cos \theta} + a,$$

故得蚌线方程为

$$r = \frac{m}{\cos \theta} + a \quad (m, a \text{ 为常数}).$$

根据蚌线的定义, 我们可以设计如图 1.2.5 所示的描画参数为 m 和 a 的蚌线的工具, 它由一条带笔尖 C 的直尺和一条丁字尺组成, 直尺和丁字尺的长臂上各开一条槽, 丁字尺上固定滑轮 A, 直尺上固定滑轮 B, 且 A, B 均可以在槽中自由滑动, 这时, 笔尖 C 画出参数为 m 和 a 的蚌线. 我们不妨将这个画蚌线的工具就叫作"蚌线规", 为了画出不同的蚌线, 可以将它设计成笔尖 C 的位置即 BC 的长度可以任意调节.

考察蚌线的方程, 我们看到其右边的第一项 $r = \frac{m}{\cos \theta}$ 是与极点相距 m 且与极轴垂直的直线 l 的方程, 而第二项为常数 a, 整个方程表示将直线 l 上每点的向径延长定长 a, 这正好就是蚌线的定义. 如果我们用其他曲线代替直线 l, 则用生成蚌线的方法可以得到许多曲线. 例如, 用圆心在极轴上, 通过极点而直径为 a 的圆 c 代替直线 l, 若把 c 上每一点的向径都沿向径的方向延长定长 a, 则得到的曲线其形如心脏, 故称为心脏线, 如图 1.2.6 所示. 易知 c 的极坐标方程为 $r = a\cos \theta$, 故心脏线的方程为

$$r = a(\cos \theta + 1).$$

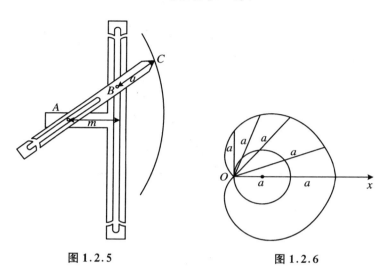

图 1.2.5　　　　　　　　　　图 1.2.6

2. 圆锥曲线的统一定义与方程

我们已经知道,用点的轨迹分别定义的椭圆、双曲线、抛物线统称为圆锥曲线,这是因为它们都是平面截圆锥面的截线. 而利用极坐标,我们可进而得到圆锥曲线的统一的定义与方程.

"到定点 F 与定直线 l 的距离之比等于定值 e 的点的轨迹"称为圆锥曲线,e 称为圆锥曲线的离心率.

如图 1.2.7 所示,作 $FG \perp l$ 于点 G,记 $FG = p$. 以定点 F 为极点,以 FG 的反向延长线 FX 为极轴建立极坐标系.

设 $M(r, \theta)$ 是圆锥曲线上的任一点,作 $MN \perp l$ 于点 N,则

$$MF : MN = e,$$

即

$$\frac{r}{p + r\cos \theta} = e,$$

由此得

$$r = \frac{pe}{1 - e\cos\theta}. \tag{4}$$

这是圆锥曲线的极坐标方程.

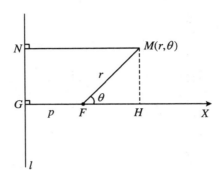

图 1.2.7

（1）当 $e = 1$ 时,如图 1.2.8 所示,以 FG 的中点 O 为原点,极轴为横轴建立直角坐标系,则对于点 $M(r,\theta)$ 在此直角坐标系下的坐标 $M(x,y)$,有坐标变换关系式

$$x = \frac{p}{2} + r\cos\theta,$$

$$y = r\sin\theta,$$

因而

$$\left(x - \frac{p}{2}\right)^2 + y^2 = r^2.$$

由圆锥曲线的极坐标方程可知

$$r - r\cos\theta = p.$$

用坐标变换关系式代入,得

$$r = p + r\cos\theta = p + \left(x - \frac{p}{2}\right),$$

两边平方消去 r 并化简,得

$$y^2 = 2px.$$

这是抛物线的方程,故 $e=1$ 时的圆锥曲线为抛物线.

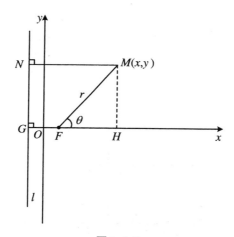

图 1.2.8

(2) 当 $0<e<1$ 时,如图 1.2.9 所示,取 FG 的内分点 A,使 $AF : AG = e$;取 AF 的外分点 O,使 $OF : OA = e$,并令 $|OF| = c$,$|OA| = a$,则 $e = \dfrac{c}{a}(a>c)$,且易知

$$AF = a - c, \quad AG = \frac{AF}{e} = \frac{a(a - c)}{c},$$

$$p = AG + AF = \frac{a^2 - c^2}{c}.$$

以 O 为原点,横轴与极轴重合,建立直角坐标系,则对于 $M(r,\theta)$ 在此直角坐标系下的坐标 $M(x,y)$,有坐标变换关系式

$$x = r\cos\theta - c,$$

$$y = r\sin\theta,$$

因而
$$(x + c)^2 + y^2 = r^2.$$

由圆锥曲线的极坐标方程可知
$$r = \frac{p \cdot \dfrac{c}{a}}{1 - \dfrac{c}{a}\cos\theta} = \frac{pc}{a - c\cos\theta}.$$

故
$$ar = pc + c \cdot r\cos\theta.$$

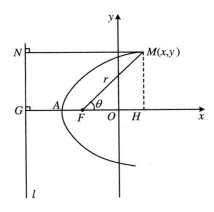

图 1.2.9

用 p 的表达式及坐标变换关系式代入,得
$$ar = (a^2 - c^2) + c(x + c) = a^2 + cx,$$

两边平方消去 r 并化简,得
$$(a^2 - c^2)x^2 + a^2 y^2 = a^2(a^2 - c^2).$$

令 $a^2 - c^2 = b^2$,则方程化为
$$\frac{x^2}{a^2} + \frac{y^2}{b^2} = 1.$$

这是椭圆的方程,故 $0 < e < 1$ 时的圆锥曲线为椭圆.

（3）当 $e>1$ 时，如图 1.2.10 所示，取 FG 的内分点 A，使 $AF : AG = e$；取 AF 的外分点 O，使 $OF : OA = e$，并令 $|OF| = c$，$|OA| = a$，则 $e = \dfrac{c}{a}$（$a<c$），且易知

$$AF = c - a, \quad AG = \frac{AF}{e} = \frac{a(c-a)}{c},$$

$$p = AF + AG = \frac{c^2 - a^2}{c}.$$

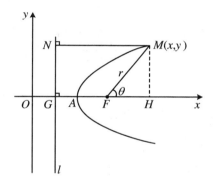

图 1.2.10

以 O 为原点，横轴与极轴重合，建立直角坐标系，则对于 $M(r,\theta)$ 在此直角坐标系下的坐标 $M(x,y)$，有坐标变换关系式

$$x = r\cos\theta + c,$$

$$y = r\sin\theta,$$

因而

$$(x - c)^2 + y^2 = r^2.$$

由圆锥曲线的极坐标方程可知

$$r = \frac{p \cdot \dfrac{c}{a}}{1 - \dfrac{c}{a}\cos\theta} = \frac{pc}{a - c\cos\theta}.$$

故
$$ar = pc + c \cdot r\cos\theta.$$
用 p 的表达式及坐标变换关系式代入并化简,得
$$(c^2 - a^2)x^2 - a^2 y^2 = a^2(c^2 - a^2).$$
令 $c^2 - a^2 = b^2$,则方程化为
$$\frac{x^2}{a^2} - \frac{y^2}{b^2} = 1.$$
这是双曲线的方程,故 $e > 1$ 时的圆锥曲线为双曲线.

　　由上面的讨论可知,我们给出的圆锥曲线的定义是抛物线、椭圆、双曲线的统一定义,而在极坐标系中给出的方程(4)是它们的统一方程.

1.2.4　用参数方程表示曲线

　　在建立直角坐标系或极坐标系以后,所谓用方程表示曲线,就是指出曲线上的点的坐标(x, y 或 r, θ)所应满足的关系.往往遇到这样的情况:要直接找出点的坐标之间的关系十分困难,或者这种关系表示起来十分复杂,这时,我们就设法通过"中介"以建立坐标之间的间接关系.通常用"参数"来作为中介:把两个坐标(x, y 或 r, θ)都用同一个参数表示,坐标与同一个参数之间的关系间接地表示坐标之间的关系,从而表示了曲线.这就是曲线的参数方程表示,它已经完全确定了曲线.例如,前面我们推导的摆线的方程就是在直角坐标系中的参数方程.进一步,如果我们能从坐标的参数表示中消去参数,那么,我们就能得到曲线的直角坐标方程或极坐标方程,但这对于曲线的表示来说,显然并非必要.在用参数方程表示曲线时,要特别注意参数的意义.

　　在解析几何课程中我们已经熟悉常见的一些曲线在直角坐标

系或/和极坐标系中的参数方程表示.

我们考察一个实际问题:已知射线 OX,在其上的点 M_0 处有一只蚂蚁,$OM_0 = r_0$.设射线从 OX 开始以角速度 φ 绕点 O 匀速旋转,同时蚂蚁则从点 M_0 开始以线速度 v 沿射线匀速前进,蚂蚁运动所描绘的曲线(运动轨迹)称为等速螺线.试求等速螺线的方程.

解　以 O 为极点,OX 为极轴建立极坐标系.记时刻 t 蚂蚁所到达的位置为 $M(r,\theta)$(如图 1.2.11 所示),则

$$r = vt + r_0, \qquad \theta = \varphi t.$$

此式是等速螺线在极坐标系中的参数方程.消去 t,并记 $\alpha = \dfrac{v}{\varphi}$,即得等速螺线的极坐标方程

$$r = \alpha\theta + r_0.$$

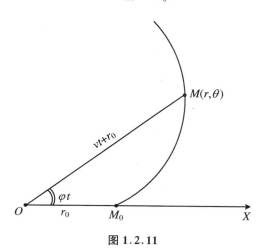

图 1.2.11

等速螺线是一条往复地环绕极点的环形曲线;过极点的每一条射线与等速螺线相交的交点均匀地分布在射线上.如果考察一个固定的交点,那么,当射线匀速地绕极点旋转时,这个交点将匀

速地沿射线运动. 应用这个原理, 我们可以设计一种利用凸轮化转动为平动的装置.

1.2.5　用含复变数的方程表示曲线

复数表示复平面上的点, 故可用复变方程表示曲线: 它是满足方程的所有复数表示的点的集合(轨迹).

1. 用含复数表示点

在平面上建立直角坐标系, 以横轴作实轴, 纵轴为虚轴, 复数 $z = x + y\mathrm{i}$ 用点 $Z(x, y)$ 表示, x, y 分别称为 z 的实部、虚部, 记为 $x = \mathrm{Re}\, z, y = \mathrm{Im}\, z$. 这时, 全体复数与整个平面上的点建立起一一对应的关系, 称平面为复平面.

用复数表示点, 则复数 $z = x + y\mathrm{i}$ 的模 $|z|$ 表示原点 O 到点 $Z(x, y)$ 的线段的长度:

$$|z| = OZ = \sqrt{x^2 + y^2}.$$

两点 Z_1, Z_2 之间的距离为 $Z_1 Z_2 = |z_1 - z_2|$, 而 z 的辐角为以实轴的正半轴为始边, OZ 为终边的角.

下面是一道常见的例题, 我们给出一个新颖而简洁的解法.

例3　已知: 复数 z_1, z_2, z_3, z_4 满足

$$|z_1| = |z_2| = |z_3| = |z_4| = 1,$$
$$z_1 + z_2 + z_3 + z_4 = 0.$$

求证: 对应的点 Z_1, Z_2, Z_3, Z_4 是一个矩形的四个顶点.

证明　只要证明这四点中任意两点的连线的长等于其余两点的连线的长, 则四边形的对边相等, 因而为平行四边形; 对角线也相等, 因而为矩形.

由 $z_1 + z_2 + z_3 + z_4 = 0$, 可得

$$|z_i + z_j|^2 = |z_m + z_n|^2 \quad (i, j, m, n \text{ 表示 } 1,2,3,4),$$

即

$$|z_i|^2 + |z_j|^2 + z_i \overline{z_j} + \overline{z_i} z_j$$
$$= |z_m|^2 + |z_n|^2 + z_m \overline{z_n} + \overline{z_m} z_n.$$

但 $|z_1| = |z_2| = |z_3| = |z_4| = 1$，故

$$z_i \overline{z_j} + \overline{z_i} z_j = z_m \overline{z_n} + \overline{z_m} z_n,$$

于是有

$$|z_i|^2 + |z_j|^2 - z_i \overline{z_j} - \overline{z_i} z_j$$
$$= |z_m|^2 + |z_n|^2 - z_m \overline{z_n} - \overline{z_m} z_n,$$

即

$$|z_i - z_j|^2 = |z_m - z_n|^2,$$

故得 $Z_i Z_j = Z_m Z_n$.

2. 用复变数方程(或含复变数的不等式)表示曲线(或平面区域)

以点 Z_0 为圆心, 半径为 R(实数)的圆可表示为

$$|z - z_0| = R.$$

复数方程 $\mathrm{Re}\, z = a$ 表示通过点 $(a, 0)$ 且与纵轴平行的直线, $\mathrm{Im}\, z = b$ 表示通过点 $(0, b)$ 且与横轴平行的直线.

以 Z_0 为圆心, 半径分别为 R, r 的两个同心圆所夹的平面区域可表示为

$$r \leqslant |z - z_0| \leqslant R \quad (r < R).$$

不等式 $a \leqslant \mathrm{Im}\, z \leqslant b$ 表示过点 $(a, 0), (b, 0)$ 且与横轴平行的两条平行线所夹的条形区域; $c \leqslant \mathrm{Re}\, z \leqslant d$ 表示过点 $(0, c), (0, d)$ 且与纵轴平行的两条平行线所夹的条形区域.

3. 复变函数表示平面上的点的变换

以复数为自变量的函数称为复变函数. 函数 $w = f(z)$ 把复平面上的点 Z 变换为点 W, 因而把平面上的曲线或区域变换为新的曲线或区域. 如果把 Z, W 分别看成 Z 平面和 W 平面上的点, 则函

数 $w = f(z)$ 可看成 Z 平面到 W 平面的映射.

例 4　$Z_0 \neq 0$ 为复平面上的定点，Z_1 为动点，其轨迹方程为 $|z_1 - z_0| = |z_1|$；Z 为另一动点，满足 $z_1 z = -1$. 求 z 在复平面上的轨迹.

解　将 $z_1 = \dfrac{-1}{z}$ 代入 $|z_1 - z_0| = |z_1|$，得

$$\left| \frac{-1}{z} - z_0 \right| = \left| \frac{-1}{z} \right|,$$

两边同乘以 $\left| \dfrac{-z}{z_0} \right|$，得

$$\left| z - \frac{-1}{z_0} \right| = \left| \frac{1}{z_0} \right|,$$

故所求轨迹为以 $\dfrac{-1}{z_0}$ 为圆心，$\left| \dfrac{1}{z_0} \right|$ 为半径的圆.

例 5　已知 l 为连接复平面上 2 和 2i 两点的直线，函数 $w = z^2$ 是 Z 平面到 W 平面的映射，如图 1.2.12 所示，求 l 在此映射下在 W 平面上的像.

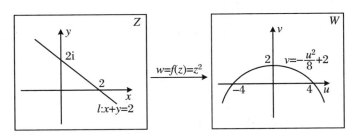

图 1.2.12

解　令 $w = u + vi$，则

$$u + vi = (x + yi)^2,$$

展开得

$$u = x^2 - y^2, \quad v = 2xy.$$

由已知条件可知 l 的直角坐标方程为 $x + y = 2$,故得

$$u^2 = (x^2 - y^2)^2 = 4(x - y)^2 = 4[(x + y)^2 - 4xy]$$

$$= 4(4 - 4xy) = 16 - 16xy = 16 - 8v,$$

由此解得

$$v = -\frac{u^2}{8} + 2.$$

故函数 $w = z^2$ 把直线 l 映射为抛物线.

1.2.6　曲线的作图

我们以椭圆的画法为例,说明曲线作图的一些常用的方法.

方法 1:钉绳法.

根据椭圆的定义,在平面上钉两个钉子作为焦点 F_1, F_2,其间的距离为 $2c$;再用一根长度为 $2(a + c)(a > c)$ 的绳子结成一环,套在钉好的钉子上.用一支笔 M 将绳子时刻绷紧,形成以 $F_1 F_2$ 为底的三角形 $MF_1 F_2$(图 1.2.13),则无论 M 的位置如何变化,M 到 F_1, F_2 的距离之和恒为定值 $2a$.让 M 在平面上绕过 F_1, F_2 一周,则 M 描画的封闭曲线就是一个椭圆,此椭圆在以 $F_1 F_2$ 的中点为原点,直线 $F_1 F_2$ 为横轴的直角坐标系中的方程恰是

$$\frac{x^2}{a^2} + \frac{y^2}{b^2} = 1, \quad b^2 = a^2 - c^2.$$

方法 2:椭圆规法.

椭圆规由一个十字形的槽和一根画杆组成.竖槽内嵌有滑轮 A,可以在槽内上下滑动;横槽内嵌有滑轮 B,可以在槽内左右滑动.画杆的长度可以自由调节,其一端铰接在滑轮 A 上,另一端带一支画笔 M,滑轮 B 可以铰接在画杆中间的任意位置(图 1.2.14).

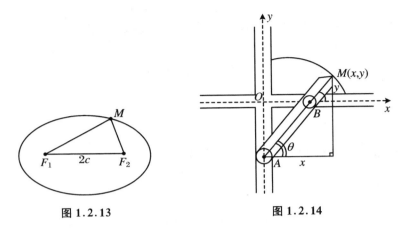

图 1.2.13　　　　　　　　　　图 1.2.14

如果要画出长半轴为 a,短半轴为 b 的椭圆,则将画杆长调节为 $MA = a$,而滑轮 B 铰接在画杆上,使 $MB = b$.让滑轮 A,B 分别在竖槽及横槽内自由地上下及左右滑动,则笔尖 M 画出所要的椭圆.

椭圆规的原理十分简单:以十字形槽的中心 O 为原点,两中轴线为坐标轴建立直角坐标系,记笔尖所在的点的坐标为 $M(x,y)$,$\angle MBx = \theta$,则易知

$$x = MA\cos\theta = a\cos\theta,$$
$$y = MB\sin\theta = b\sin\theta,$$

这恰是椭圆的参数方程,当 θ 从 0 变到 2π 时,点 M 描画整个椭圆.

方法 3:描点法.

利用椭圆的性质描出椭圆上的足够多的点,然后依次连线,就可以画出椭圆.因为椭圆既轴对称,又中心对称,所以我们可以只描点画出椭圆的一半或四分之一,然后利用对称性画出整个椭圆.这里介绍两种描点的方法.

（1）如果要画出长半轴为 a，短半轴为 b 的椭圆，我们取一个长为 $2a$，宽为 $2b$ 的矩形 $ABCD$. 如图 1.2.15 所示，将矩形的边 BC,CD,DA 均 n 等分，则折线 $BCDA$ 被分成 $3n$ 段，从 B 到 A 将各分点依次编号为 $0,1,\cdots,n;n+1,\cdots,2n;2n+1,\cdots,3n$. 分别连线段 $A0,A1,\cdots,A(2n-1)$ 及 $B(n+1),B(n+2),\cdots,B(3n)$，并标记出线段 Ai 与 $B(n+i)$ 的交点 $M_i(i=0,1,\cdots,2n-1)$，则这些交点都在所要画的椭圆上. 用光滑的曲线顺次连接这些点，我们得到上半椭圆；由对称性，即可画出整个椭圆.

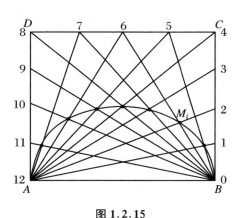

图 1.2.15

为了证明这个作法的合理性，我们注意到所描出的点是左右对称地分布的，故只需证明在矩形右边的一半中描出的点在所要画的椭圆上.

以 A 为原点，AB,AD 为坐标轴建立直角坐标系. 易见 A,B 的坐标分别为 $A(0,0),B(2a,0)$；分点 $(i),(i+n)$ 的坐标分别为 $i\left(2a,\dfrac{2ib}{n}\right),(i+n)\left(\dfrac{2(n-i)a}{n},2b\right)$，故直线 $A(i),B(i+n)$ 的方程可分别用两点式写为

$$y = \frac{ib}{na}x,$$

$$y = -\frac{nb}{ia}(x - 2a),$$

这两直线的交点 $M_i(0 \leqslant i \leqslant n)$ 应同时满足这两个方程. 将这两个方程相乘消去 n 和 i 并化简, 得

$$\frac{(x - a)^2}{a^2} + \frac{y^2}{b^2} = 1.$$

(2) 如果要画出长半轴为 a, 短半轴为 b 的椭圆, 我们建立直角坐标系. 如图 1.2.16 所示, 以原点 O 为圆心作半径分别为 a, b 的两个同心圆, 作大圆的半径 OA 交小圆于点 B. 过点 A, B 分别作横轴、纵轴的垂线相交于点 M. 设点 M 的坐标为 $M(x, y)$, 记 $\angle AOx = \theta$. 则易知

$$x = OD = OA\cos\theta = a\cos\theta,$$

$$y = MD = BC = OB\sin\theta = b\sin\theta.$$

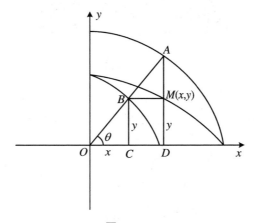

图 1.2.16

这恰是椭圆的参数方程,点 M 在要求作的椭圆上.用这样的方法在第一象限描出足够多的点并依次连线,即得到椭圆在第一象限中的弧,然后根据对称性即可画出整个椭圆.

1.3 研究曲线的方法

在上面对曲线的讨论中我们应用了各种各样的方法,归纳起来可以看到,研究曲线有三类重要的方法:综合法、代数法、分析法.本节我们进一步概述这些方法并相应地考察运用这些方法的几个典型的例子.

1.3.1 综合法:几何方法

整个初等几何都是用综合法研究几何图形,其中包括直线与圆.在讨论用平面截圆锥面而得到三类圆锥曲线时我们所用的也是综合法.所以综合法是我们已经熟悉的一种初等方法.综合法因为初等,所以在数学中是其他方法的基础;同时,用综合法也能得到许多深刻的结果.

前面我们用坐标方法建立了作为"到两定点的距离之比等于定值的点的轨迹"的阿波罗圆的方程,这个轨迹是圆是我们通过计算"算"出来的;下面我们将用综合法"推"出这个轨迹是圆.我们将发现:"推"比"算"更能反映事情的本质.

例 1 证明:到两定点的距离之比等于定值(不为 1)的点的轨迹是圆.

证明 设两定点为 A, B, ρ, σ 为给定的正数,不妨设 $\rho > \sigma$.设 P 为动点,满足 $PA : PB = \rho : \sigma$(图 1.3.1).

设点 M 和 N 分别按定比

$$MA : MB = NA : NB = \rho : \sigma$$

内分和外分线段 AB，连接 PM，PN，则由

$$PA : PB = MA : MB = \rho : \sigma,$$

$$PA : PB = NA : NB = \rho : \sigma$$

及"三角形内角(外角)平分线"定理(三角形一个内角(外角)的平分线内分(外分)对边所得的两条线段与这个角的两邻边成比例；其逆亦真)，可知 PM，PN 分别为 $\triangle PAB$ 在顶点 P 处的内角和外角的平分线，因而 $PM \perp PN$，即点 P 在线段 MN 上所张的角为直角，故点 P 在以 MN 为直径的圆上，这说明所求的轨迹是以线段按定比分割的内、外分点的连线为直径的圆.

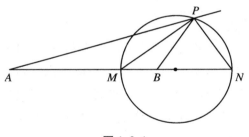

图 1.3.1

　　下面我们证明圆的一项重要的极值特性，这是用综合法研究曲线的一个著名的例子，证明的方法属于近世几何学家施泰纳.

　　例 2　在周长一定的所有平面封闭曲线中，所围面积最大的曲线必定是圆周.

　　证明　分以下三步：

　　(1) 周长固定的封闭曲线所围成的图形中，面积最大的必定是凸图形.

　　一个图形是凸的，则其周界上任意两点的连接线段完全落在图形的内部. 如果 Φ 不是凸图形，则存在两点的连线不完全落在

Φ 的内部,其上必有一段线段除端点落在 Φ 的边界而外完全落在 Φ 的外部,记为 AC.我们以 AC 为对称轴将 $\overgroup{ABC}$ 反射为 $\overgroup{AB^*C}$(图 1.3.2),则 $\overgroup{ABC}$ 与 $\overgroup{AB^*C}$ 长度相等,因而以 $\overgroup{AB^*C}$ 代替 $\overgroup{ABC}$ 所得到的图形 Φ^* 与图形 Φ 有相同的周长,但 Φ^* 增加了 Φ 的外部的部分,故 Φ^* 的面积大于 Φ 的面积.这说明在周长相等的图形中 Φ 不是面积最大的.

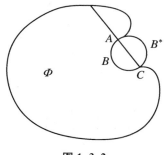

图 1.3.2

(2) 如果周长固定的封闭曲线所围成的图形 Φ 具有最大面积,则任一平分 Φ 的周长的弦必平分 Φ 的面积.

由(1),Φ 是凸图形,故 Φ 的弦必落在 Φ 的内部.如图 1.3.3 所示,设平分 Φ 的周长的弦 AB 分 Φ 为 ACB 和 ADB 两部分.若这两部分面积不相等,不妨设 ADB 的面积较大.我们以 AB 为对称轴将 ADB 反射到 AB 的另一侧得到 AD^*B,D^* 是 D 的对称点,且以 AD^*B 代替 ACB 得到图形 Φ^*.Φ^* 显然与 Φ 有相同的周长,但较 Φ 有更大的面积.这说明当 Φ 有最大面积时,弦 AB 必定同时平分 Φ 的周长和面积.

(3) 现考察(2)中的图形 Φ^*,它是以直线 AB 为对称轴的轴对称图形.连接 AD,AD^* 及 BD,BD^*,则

$$AD = AD^*, \quad BD = BD^*;$$
$$\overparen{AD} = \overparen{AD^*}, \quad \overparen{BD} = \overparen{BD^*}.$$

由 AD 和 $\overparen{AD}$ 围成的图形 I 与由 AD^* 和 $\overparen{AD^*}$ 围成的图形 II 全等；由 BD 和 $\overparen{BD}$ 围成的图形 III 与由 BD^* 和 $\overparen{BD^*}$ 围成的图形 IV 全等，而全等形有相同的面积.

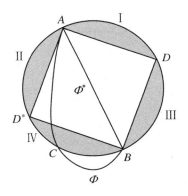

图 1.3.3

如果 $\angle ADB$ 不为直角，则我们以与线段 AD,BD 等长的线段 $\overline{A}\,\overline{D}$、$\overline{B}\,\overline{D}$ 为直角边作直角三角形 $\overline{A}\,\overline{D}\,\overline{B}$ 及其关于斜边 $\overline{AB}$ 对称的直角三角形 $\overline{A}\,\overline{D}^*\,\overline{B}$（如图 1.3.4 所示），则

$$\triangle \overline{A}\,\overline{D}\,\overline{B} \text{ 的面积} = \frac{1}{2}\overline{A}\,\overline{D} \times \overline{B}\,\overline{D} = \frac{1}{2}AD \times BD$$

$$> \frac{1}{2}AD \times BD \times \sin\angle ADB$$

$$= \triangle ADB \text{ 的面积},$$

故

$$\text{四边形}\,\overline{A}\,\overline{D}\,\overline{B}\,\overline{D}^* \text{ 的面积} = 2\triangle \overline{A}\,\overline{D}\,\overline{B} \text{ 的面积}$$

$$> 2\triangle ADB \text{ 的面积}$$

＝ 四边形 $ADBD^*$ 的面积.

又由

$$AD = \overline{A}\,\overline{D}, \quad AD^* = \overline{A}\,\overline{D}^*,$$

$$BD = \overline{B}\,\overline{D}, \quad BD^* = \overline{B}\,\overline{D}^*,$$

我们可将图形 I,III,IV,II 分别拼在四边形 $\overline{A}\,\overline{D}\,\overline{B}\,\overline{D}^*$ 的外部而得到图形 $\overline{\varPhi}$,$\overline{\varPhi}$ 与 $\varPhi^*$ 及 $\varPhi$ 周长相同,但有更大的面积,这与 $\varPhi$ 的取法矛盾.

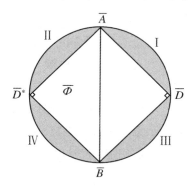

图 1.3.4

　　于是我们证得,当 $\varPhi$ 具有最大面积时,曲线上的任一点 D 对 AB 所张的角是直角,即点 D 在以 AB 为直径的圆周上,故 $\varPhi$ 必定是圆.

　　细心的读者或许已经注意到,施泰纳的上述证明关键在于平分 $\varPhi$ 的周长的弦的存在性,对此我们不作深入讨论.圆的这个极值特性容易用高等数学中的"变分法"证明,是变分法的典型例子.事实上,对圆的这个性质的研究直接推动了变分法的产生和发展.

1.3.2　代数法:坐标方法

　　笛卡儿发明的坐标法把数学中研究的"数"与"形"沟通和结合起来,对数学的发展所起的作用是不可估量的.整个解析几何就是用坐标法研究曲线,在解析几何中我们已经深深地体会到数形结合的思想及代数方法的优越性.

我们都知道,过圆外一点可以作圆的两条切线.如果以圆的两条互相垂直的半径为一个正方形的一组邻边作正方形,则过此正方形在圆外的顶点所作圆的两条切线互相垂直,而这个顶点与圆心的距离恰为圆的半径的 $\sqrt{2}$ 倍.容易证明:如果过一点作已知圆的两条切线互相垂直,那么,这样的点的轨迹是圆心在已知圆的圆心,半径为已知圆半径的 $\sqrt{2}$ 倍的一个同心圆.

例 3　已知过一点 P 作给定的抛物线 $y = x^2$ 的两条切线互相垂直,求这样的点的轨迹.

解　设切点为 (x_1, x_1^2),(x_2, x_2^2),如图 1.3.5 所示.由导数的几何意义,过这两点的切线的斜率分别为 $2x_1$,$2x_2$,若点 P 的坐标为 $P(x, y)$,则过点 P 的两条切线的方程可按点斜式写出为

$$l_1 : y = x_1^2 + 2x_1(x - x_1),$$
$$l_2 : y = x_2^2 + 2x_2(x - x_2),$$

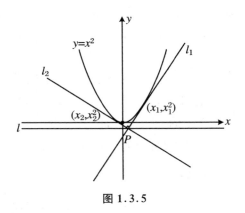

图 1.3.5

于是

$$x_1^2 - 2xx_1 + y = 0,$$

$$x_2^2 - 2xx_2 + y = 0,$$

故 x_1, x_2 为方程

$$z^2 - 2xz + y = 0$$

的解,由韦达定理,有

$$x_1 x_2 = y, \tag{1}$$

但两条切线互相垂直,故

$$2x_1 \cdot 2x_2 = -1. \tag{2}$$

比较式(1)和式(2)可得

$$y = -\frac{1}{4}. \tag{3}$$

式(3)为所求的轨迹方程,它是平行于 x 轴的一条直线,恰是这条抛物线的准线.

下面的例 4 推广了 1.1.3 节例 4 的结果,它给出了圆锥曲线作为一类曲线的集合的整体性质.

例 4 离心率相同的圆锥曲线相似,特别地,所有抛物线都相似.

抛物线的离心率都等于 1,我们已经证明所有抛物线都相似.

设椭圆 e_1, e_2 的离心率都等于 e,则

$$e^2 = \left(\frac{c}{a}\right)^2 = \frac{a^2 - b^2}{a^2} = 1 - \left(\frac{b}{a}\right)^2,$$

因而

$$\frac{b}{a} = \sqrt{1 - e^2},$$

故 e_1, e_2 的短轴与长轴的比相等,即

$$\frac{b_1}{a_1} = \frac{b_2}{a_2}.$$

设这两个椭圆的方程分别为

$$\frac{x^2}{a_1^2} + \frac{y^2}{b_1^2} = 1, \quad \frac{x^2}{a_2^2} + \frac{y^2}{b_2^2} = 1,$$

直线 $l : y = kx$ 与 e_1, e_2 分别交于 $M_1(x_1, y_1)$，$M_2(x_2, y_2)$，且 M_1，M_2 在第一象限中，如图 1.3.6 所示，容易求出

$$x_1^2 = \frac{b_1^2}{k^2 + \left(\dfrac{b_1}{a_1}\right)^2}, \quad x_2^2 = \frac{b_2^2}{k^2 + \left(\dfrac{b_2}{a_2}\right)^2},$$

但 $\dfrac{b_1}{a_1} = \dfrac{b_2}{a_2}$，故得

$$\frac{x_1^2}{x_2^2} = \frac{b_1^2}{b_2^2}.$$

又 x_1, x_2 同号，故 $\dfrac{x_1}{x_2} = \dfrac{b_1}{b_2}$，于是

$$\frac{OM_1}{OM_2} = \frac{x_1}{x_2} = \frac{b_1}{b_2},$$

与 k 无关，故 e_1 与 e_2 是以原点为位似中心，$\dfrac{b_1}{b_2}$ 为位似比的位似形，因而相似.

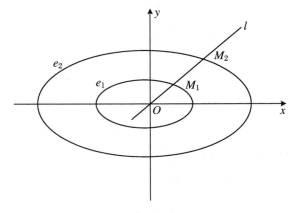

图 1.3.6

同样的方法可证:离心率相等的双曲线都相似.

下面我们用坐标方法证明关于圆锥曲线的光学性质的著名的结果.

如图 1.3.7 所示,设 MN 为平面镜,光线 AO 照射到镜面上的 O 点然后沿 OB 反射,由光学中的反射定律,入射角应等于反射角,即有

$$\angle AOM = \angle BON.$$

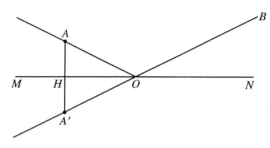

图 1.3.7

作 $AH \perp MN$,垂足为点 H;延长 AH 与直线 BO 相交于点 A',则由

$$\angle AOM = \angle BON = \angle A'OM,$$

易知△ AOA' 为等腰三角形,OH 垂直平分 AA',因而 A' 是 A 关于直线 MN 的轴对称点,而反射线 OB 重合于 $A'O$.这说明:如果通过点 A 的光线照到镜面 MN 上的 O 点而 A' 是 A 关于 MN 的轴对称点,那么,反射线就是位于直线 $A'O$ 上的射线.

在直角坐标系中,如果点 A 的坐标为 $A(x_1, y_1)$,$AH \perp MN$ 于点 H,则 H 是 A 与其轴对称点 A' 的连线 AA' 的中点.记点 H 的坐标为 $H(x, y)$,点 A' 的坐标为 $A'(x_2, y_2)$,则由中点坐标的公式

$$x = \frac{1}{2}(x_1 + x_2), \quad y = \frac{1}{2}(y_1 + y_2),$$

因而点 A 的对称点 A' 的坐标可表示为

$$x_2 = 2x - x_1, \quad y_2 = 2y - y_1.$$

一条光线照射到一条曲线上的一点而被曲线反射,就是在曲线的这点放置一面镜子与曲线相切,光线依反射定律被镜子反射.

(1) 如果将光源置于抛物线的一个焦点上,则光线经抛物线反射后成为平行于抛物线的对称轴的一束平行光线.

证明　在直角坐标系中,设抛物线的方程为 $x^2 = 2py$,则其焦点为 $F\left(0, \dfrac{p}{2}\right)$,准线为 $l: y = -\dfrac{p}{2}$. 设 $M(a, b)$(其中 $b = \dfrac{a^2}{2p}$)为抛物线上的任意一点,如图 1.3.8 所示,由导数的几何意义及 $\dfrac{\mathrm{d}y}{\mathrm{d}x} = \dfrac{x}{p}$,可知抛物线上过这点的切线 PQ 的斜率为 $k = \dfrac{a}{p}$,切线方程为

$$y = \frac{a}{p}(x - a) + b,$$

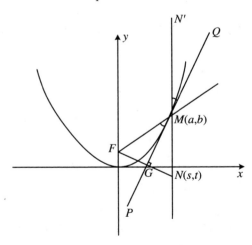

图 1.3.8

即

$$y = \frac{a}{p}x - \frac{a^2}{2p}.\qquad(4)$$

在抛物线的焦点的光源射向这点的光线将由抛物线反射,根据反射定律,入射角应等于反射角.作焦点 F 关于切线的对称点 $N(s,t)$,直线 NN' 过点 M,则

$$\angle FMP = \angle NMP = \angle N'MQ,$$

故反射线应重合于 MN'.

我们求点 $N(s,t)$ 的坐标.由于焦点 F 与点 $N(s,t)$ 为轴对称点,故这两点的连线与切线垂直,因而其斜率为 $k' = -\dfrac{p}{a}$,其方程为

$$y = -\frac{p}{a}x + \frac{p}{2}.\qquad(5)$$

联立式(4)与式(5),可求得 $x = \dfrac{a}{2}$,这是直线 FN 与切线 PQ 的交点 G 的横坐标.但 G 是线段 FN 的中点,故点 N 的横坐标为 $s = 2 \times \dfrac{a}{2} - 0 = a$.因为点 M,N 的横坐标都是 a,故直线 NMN' 平行于纵轴即抛物线的对称轴.

所以,从焦点 F 发出的所有光线经抛物线反射后成为平行于抛物线对称轴的一束平行光线.若将抛物线绕其对称轴旋转一周,则形成一个旋转抛物面.人们将抛物面做成反光面,并且在焦点处放置强光源,就可以得到能够照射很远的强平行光束,这就是探照灯.

从上述证明可以看出,点 N 是焦点 F 关于直线 PQ 的对称点,故 $MF = MN$;又 MN 平行于纵轴,故 MN 垂直于抛物线的准线,由抛物线的定义,点 N 应在抛物线的准线上.于是我们有下面的

推论：

推论　抛物线的焦点关于抛物线的任意一条切线的轴对称点都在抛物线的准线上.

（2）如果将光源置于双曲线的一个焦点上，则光线经双曲线反射后，就像是从双曲线的另一个焦点发射出来的一样.

用数学语言描述这个性质就是：从双曲线的一个焦点发出的光线直射到双曲线上的一点并且被双曲线反射，则反射线的反向延长线必过双曲线的另一个焦点.

证明　如图 1.3.9 所示，设双曲线的方程为

$$\frac{x^2}{a^2} - \frac{y^2}{b^2} = 1,$$

即

$$b^2 x^2 - a^2 y^2 = a^2 b^2,$$

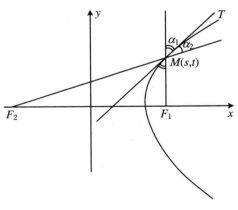

图 1.3.9

其焦点为 $F_1(c,0)$，$F_2(-c,0)$，$c^2 = a^2 + b^2$，则其在第一象限中的部分为

$$y = \frac{b}{a}\sqrt{x^2 - a^2},$$

$$\frac{dy}{dx} = \frac{b}{a} \cdot \frac{x}{\sqrt{x^2 - a^2}} = \frac{b^2 x}{a^2 \cdot \frac{b}{a}\sqrt{x^2 - a^2}} = \frac{b^2 x}{a^2 y}.$$

设 $M(s,t)$ 为双曲线上的一点,则满足

$$b^2 s^2 - a^2 t^2 = a^2 b^2.$$

在这点的切线 MT 的斜率为 $k = \dfrac{b^2 s}{a^2 t}$,又射线 $F_1 M$,$F_2 M$ 的斜率分

别为 $k_1 = \dfrac{t}{s - c}$,$k_2 = \dfrac{t}{s + c}$. 对于 $F_1 M$ 与切线 MT 的夹角 α_1 及切线

MT 与 $F_2 M$ 的夹角 α_2,分别有

$$\tan \alpha_1 = \frac{k_1 - k}{1 + k_1 k}, \quad \tan \alpha_2 = \frac{k - k_2}{1 + k k_2}.$$

将 k, k_1, k_2 的值代入并且化简,可得

$$\tan \alpha_1 = \frac{\dfrac{t}{s - c} - \dfrac{b^2 s}{a^2 t}}{1 + \dfrac{t \cdot b^2 s}{(s - c)a^2 t}} = \frac{a^2 t^2 - b^2 s(s - c)}{(s - c)a^2 t + b^2 ts}$$

$$= \frac{(a^2 t^2 - b^2 s^2) + b^2 sc}{t(a^2 s + b^2 s - a^2 c)} = \frac{b^2 sc - a^2 b^2}{t(sc^2 - a^2 c)}$$

$$= \frac{b^2(sc - a^2)}{tc(sc - a^2)} = \frac{b^2}{tc}.$$

同样可得

$$\tan \alpha_2 = \frac{b^2}{tc}.$$

故有

$$\tan \alpha_1 = \tan \alpha_2 = \frac{b^2}{tc},$$

从而 $\alpha_1 = \alpha_2$. 但射线 $F_1 M$ 为入射线,故射线 $F_2 M$ 重合于反射

线,即反射线恰通过 F_2,因而看起来光线就像是从 F_2 发出来的一样.

用完全类似的方法可以证明椭圆的光学性质:

(3) 如果将光源置于椭圆的一个焦点上,则光线经椭圆反射后,都通过另一个焦点.

1.3.3 分析法:微积分法

牛顿、莱布尼茨发明的微积分是数学史上最伟大的成就之一,它为研究数学和现实世界提供了强有力的工具,微积分法理所当然地成为研究曲线的一种重要的方法.前面关于用切线的性质(切线垂直于过切点的向径)可以确定圆就是用这种方法证明的.可以看到,这个证明极其简洁,是其他方法不能比拟和难以做到的.等角螺线、悬链线的方程也是用微积分方法求得的.在第 2 章我们还将用微分法解决最速降线的问题.

下面我们再举一个用微积分法求曲线方程的例子.

例 5　用微积分法求摆线方程.

设圆 O 在一条直线上无滑动地滚动,取运动开始时圆与直线相切的切点 P 为原点,这条直线为横轴建立直角坐标系.

设圆的半径为 1,则圆的周长为 2π;设圆绕圆心旋转的角速度为 1,则在时刻 t,此圆旋转的弧度为 t,其转过的弧长为 t,故圆心沿直线运动的速度为 1.

这时,圆周上的点同时参加了两项运动:

(1) 在圆心的带动下沿直线平动,速度为 1,方向沿横轴正向;

(2) 绕圆心转动,角速度为 1,但圆的半径为 1,故转动的线速度为 1,线速度沿圆在该点的切线方向.

从图 1.3.10 中可以看出,在时刻 t,圆旋转(即滚动)角 t,圆心前进到 O',而圆与直线相切于点 H,原切点 P 到达圆 O' 上的点 P'.这时

$$\angle P'O'H = t, \quad OO' = PH = \overset{\frown}{HP'} = t.$$

转动的线速度沿圆 O' 上过点 P' 的切线的方向.从图 1.3.10 中可以看出此线速度与横轴正向的夹角为 $\pi - t$,因而线速度在坐标轴上的分量为

$$v_x = \cos(\pi - t) = -\cos t,$$
$$v_y = \sin(\pi - t) = \sin t,$$

于是点 P' 运动的速度分量为

$$\frac{\mathrm{d}x}{\mathrm{d}t} = 1 - \cos t,$$

$$\frac{\mathrm{d}y}{\mathrm{d}t} = \sin t. \tag{6}$$

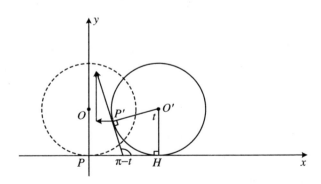

图 1.3.10

式(6)即为点 P 的轨道(摆线)的微分方程,积分得

$$x = t - \sin t + C_1,$$
$$y = C_2 - \cos t.$$

当 $t = 0$ 时，P' 在原点，故 $x = y = 0$，代入上式得

$$C_1 = 0, \quad C_2 = 1,$$

我们求得摆线的方程为

$$x = t - \sin t,$$
$$y = 1 - \cos t.$$

与前面的结果一致.

对于曲线，我们应该关心一般曲线自身的性质：如曲线的长度、曲线弯曲的程度（曲率）、曲线弯曲的方向及其变化（凹凸性与拐点）等.这些都需要用微积分的概念和语言来刻画，用微积分的方法进行研究.在中学阶段我们仅限于微积分初步，要将微积分用于曲线的研究，我们还需要进一步的学习.

1.4　关于曲线应用的几个简单例子

曲线的应用是广泛的，本节仅讨论曲线在几何、计算及实际问题中应用的几个简单的例子.

1.4.1　曲线在几何中的应用

曲线本身就是几何图形，对曲线的研究丰富了几何学的内容.作为例子，我们讨论利用曲线三等分已知角.

我们已经知道，如果只用圆规和无刻度的直尺，则三等分角是著名的几何作图不能问题.有趣的是，利用蚌线或等轴双曲线，我们可以完成三等分角的作图.

例 1　利用曲线三等分已知角.

方法 1：利用蚌线.

已知：$\angle POQ$ 为给定的锐角（图1.4.1）.

求作：$\dfrac{1}{3}\angle POQ$.

作法：（1）取蚌线规（见图1.2.5），使点 A 重合于角的顶点 O，丁字尺上的槽的中轴线 l 垂直于 $\angle POQ$ 的边 OQ 且交 OP 于点 B，调节笔尖 C 的位置，使 $BC = 2AB$，用蚌线规画一条蚌线 b.

（2）过点 B 作 $BN \parallel OQ$ 交蚌线 b 于点 N.

（3）作射线 ON，则 $\angle NOQ = \dfrac{1}{3}\angle POQ$.

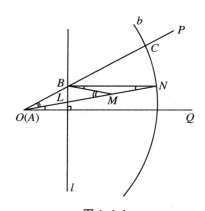

图 1.4.1

证明　如图1.4.1所示，设 ON 交 l 于点 L，取 LN 的中点 M，连 BM，则 BM 为直角三角形 LBN 的斜边 LN 上的中线，因而

$$\angle BML = \angle MBN + \angle MNB = 2\angle MNB.$$

又点 N 在蚌线 b 上，故 $LN = BC$，而

$$OB = \frac{1}{2}BC = \frac{1}{2}LN = BM,$$

故

$$\angle BOM = \angle BMO = 2\angle BNM.$$

又 $BN \parallel OQ$，故$\angle BNO = \angle NOQ$，而

$$\angle BON = 2\angle NOQ,$$

由此得到

$$\angle NOQ = \frac{1}{3}\angle POQ.$$

方法 2：利用等轴双曲线.

已知：$\angle AOB$ 为给定的锐角（图 1.4.2）.

求作：$\frac{1}{3}\angle AOB$.

作法：（1）以点 O 为原点，OB 为横轴建立直角坐标系，且于第一象限中作等轴双曲线 $y = \frac{1}{x}$ 的一支与 OA 交于点 P.

（2）以点 P 为圆心，$2OP$ 为半径作圆交此双曲线于点 R.

（3）以 PR 为一条对角线作矩形 $PQRM$，使矩形的边平行于坐标轴.

（4）作射线 OM，则$\angle MOB = \frac{1}{3}\angle AOB$.

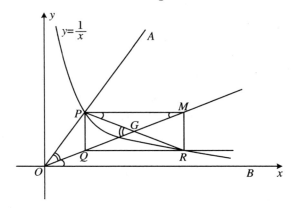

图 1.4.2

证明 因为点 P,R 都在双曲线 $y=\dfrac{1}{x}$ 上,故设其坐标分别为 $P\left(a,\dfrac{1}{a}\right)$, $R\left(b,\dfrac{1}{b}\right)$, 于是点 Q,M 的坐标分别为 $Q\left(a,\dfrac{1}{b}\right)$, $M\left(b,\dfrac{1}{a}\right)$, 而直线 QM 的方程为 $y=\dfrac{x}{ab}$. 此直线通过原点,即 O, Q,M 三点共线. 又 $PM/\!/OB$, 故 $\angle PMO=\angle MOB$.

设 G 为矩形两对角线 PR,QM 的交点,则 $PG=GR=MG$, 又 $PR=2OP$, 故 $PG=\dfrac{1}{2}PR=OP$, 故 $OP=PG=MG$, 即 $\triangle POG$, $\triangle GMP$ 都是等腰三角形. 于是可知

$$\angle POG=\angle PGO=\angle GPM+\angle GMP$$
$$=2\angle GMP=2\angle MOB,$$

由此即得 $\angle MOB=\dfrac{1}{3}\angle AOB$.

从图 1.4.1 与图 1.4.2 的两种作法的证明过程易见除所利用的曲线不同外,其核心原理是类似的. 而当已知角为钝角时,可先将其平分为两部分,这时,每部分都是锐角,用上面的作法作出其三分之一,然后加倍,就得到已知角的三分之一.

另一个著名的几何作图不能问题是倍立方体问题:求作一个立方体,使其体积为已知立方体的 2 倍. 若已知立方体的棱长为 a, 则问题归结为求 $\sqrt[3]{2}a$.

下面是利用圆锥曲线设计的解倍立方体问题的方法:

在 a 与 $2a$ 之间插入两个比例中项 x,y, 且

$$a:x=x:y=y:2a,$$

则有

$$x^2=ay,\quad y^2=2ax,\quad xy=2a^2.$$

如图 1.4.3 所示,这里有两条抛物线和一条等轴双曲线. 容易求出这三条曲线有一个公共的交点 $M(\sqrt[3]{2}a,\sqrt[3]{4}a)$,故三曲线中任意两条的交点的横坐标就是所求立方体的棱长.

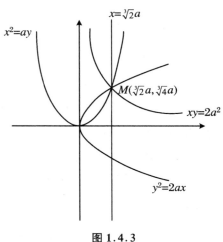

图 1.4.3

1.4.2　利用曲线进行计算

我们在中学教材中已经学过图像法解方程(组),其本质就是利用曲线进行计算. 例如,二元一次方程组

$$\begin{cases} 4x - 3y = 6 \\ 7x + 5y = 31 \end{cases}$$

的解就是直线

$$l_1:4x - 3y - 6 = 0, \quad l_2:7x + 5y - 31 = 0$$

的交点 $M(3,2)$ 的坐标;一元二次方程

$$x^2 - 5x + 6 = 0$$

的解就是抛物线 $y = x^2 - 5x + 6$ 与横轴的交点的横坐标或抛物线 $y = x^2$ 与直线 $y = 5x - 6$ 的交点的横坐标.

如果我们能够精确地绘制 $y = x^2$ 的图像,那么,我们就可以利用它来开平方:正数 a 的平方根 $\pm\sqrt{a}$ 就等于直线 $y = a$ 与图像的两个交点的横坐标.类似的,利用 $y = x^3$ 的图像可以进行开立方的运算.

下面是利用蔓叶线设计的求正数的立方根方法.

如图 1.4.4 所示,取直径为 1 的圆为母线作一条蔓叶线,其方程为

$$y^2 = \frac{x^3}{1 - x}.$$

在纵轴上取 $OD = a$,A 是母线圆与横轴的交点,则直线 DA 的方程为

$$y = a(1 - x).$$

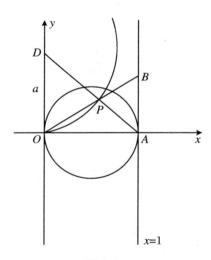

图 1.4.4

此直线与蔓叶线的交点 P 的纵、横坐标的立方之比为

$$\frac{y^3}{x^3} = \frac{y^2}{x^3} \cdot y = \frac{1}{1-x} \cdot a(1-x) = a,$$

故 $\frac{y}{x} = \sqrt[3]{a}$，因而点 P 在直线 $y = \sqrt[3]{a}x$ 上，它就是直线 OP. 记 OP

与直线 $x = 1$ 的交点为 B，则 $AB = \sqrt[3]{a}$.

由上面的推导我们得到利用蔓叶线开立方的方法：

（1）在纵轴上取点 $D(0, a)$；

（2）连 AD 交蔓叶线于点 P；

（3）作直线 OP 交直线 $x = 1$ 于点 B，则 $AB = \sqrt[3]{a}$.

特别的，当取 $OD = 2$ 时，$AB = \sqrt[3]{2}$. 这时，若取已知立方体的棱长为单位 1，而蔓叶线的母线圆的直径等于已知立方体的棱长，则我们得到倍立方体作图问题的解.

在计算机问世之前，为解决数值计算问题人们想尽了各种办法，如算盘、手摇计算机、对数表、对数计算尺、诺漠图等. 其中诺漠图就是根据具体计算的需要利用曲线设计的各式各样的算图. 有了电子计算机后，上面的这些计算工具都成为了历史，只剩下数学方法本身的意义.

1.4.3　利用曲线解决实际问题

曲线在生产和生活的实际问题中有广泛的应用，下面是机械设计的一个简单例子.

在机械上我们常用凸轮及其从动杆化转动为平动. 凸轮的边缘是封闭的光滑曲线，其中心是曲线内部的一点，凸轮可绕中心自由转动. 凸轮边缘上的每一点与中心的连接线段都称为半径. 以凸轮的中心为圆心、最小半径为半径的圆称为凸轮的基圆. 从动杆可沿某个方向(设为上下方向)自由滑动,从动杆的杆尖与凸轮的边缘接触.当凸轮转动时,推动从动杆上下往复运动.显然,从动杆运动的方式由凸轮边缘的曲线(称为凸轮的轮廓线)的形状决定.

在实际问题中总是根据需要精确设计轮廓线以控制从动杆的运动,我们考察几个简单的情况.

例 2 设计一个基圆半径为 60 mm 的平面凸轮轮廓曲线,使凸轮匀速转动时,从动杆按下面的规律运动:

(1) 当凸轮转角 θ 自 0 增加至 $\frac{5\pi}{6}$ 时,从动杆匀速地上升 60 mm;

(2) 当凸轮转角 θ 自 $\frac{5\pi}{6}$ 增加至 $\frac{7\pi}{6}$ 时(图 1.4.5),从动杆匀速地下降 60 mm;

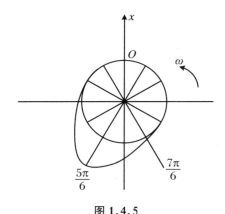

图 1.4.5

(3) 当凸轮转角 θ 自 $\frac{7\pi}{6}$ 增加至 2π 时,从动杆静止不动.

解 以凸轮中心为原点、向上的方向为极轴方向建立极坐标系.

（1）当 $0 \leqslant \theta \leqslant \dfrac{5\pi}{6}$ 时，从动杆匀速向上，故凸轮的轮廓线是等速螺线，其方程具有

$$r = \alpha\theta + r_0$$

的形式. 当 $\theta = 0$ 时，$r = 60$；当 $\theta = \dfrac{5\pi}{6}$ 时，$r = 120$. 代入方程可得

$$r_0 = 60, \quad \alpha = \dfrac{72}{\pi},$$

对应的轮廓线为

$$r = \dfrac{72}{\pi}\theta + 60.$$

（2）当 $\dfrac{5\pi}{6} \leqslant \theta \leqslant \dfrac{7\pi}{6}$ 时，从动杆匀速下降，故凸轮的轮廓线也是等速螺线. 当 $\theta = \dfrac{5\pi}{6}$ 时，$r = 120$；当 $\theta = \dfrac{7\pi}{6}$ 时，$r = 60$. 代入方程后可得对应的轮廓线为

$$r = 270 - \dfrac{180}{\pi}\theta.$$

（3）当 $\dfrac{7\pi}{6} \leqslant \theta \leqslant 2\pi$ 时，从动杆静止不动，即凸轮极径不变，对应的轮廓线为圆弧

$$r = 60.$$

综上所述，凸轮的轮廓线设计为

$$r = \begin{cases} 60 + \dfrac{72}{\pi}\theta & \left(0 \leqslant \theta \leqslant \dfrac{5\pi}{6}\right) \\[3mm] 270 - \dfrac{180}{\pi}\theta & \left(\dfrac{5\pi}{6} \leqslant \theta \leqslant \dfrac{7\pi}{6}\right) \\[3mm] 60 & \left(\dfrac{7\pi}{6} \leqslant \theta \leqslant 2\pi\right) \end{cases}.$$

例 3 设计一个凸轮，其基圆的半径为 r_0，凸轮以角速度 ω 匀

速旋转.

（1）从动杆作匀速往复运动，速度的大小为 v；

（2）从动杆作匀加速往复运动，加速度的大小为 a.

解　设 $t = 0$ 时，从动杆的杆尖
A 落在凸轮的基圆上，如图 1.4.6 所
示，建立极坐标系. 由于从动杆作往
复运动，故在 $t = \dfrac{\pi}{\omega}$ 达到最高点，然后
返回，因而轮廓线为轴对称的封闭曲
线. 我们只需讨论旋转角从 0 到 π 所
对应的一段轮廓线.

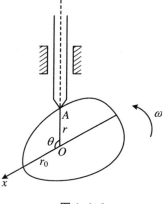

图 1.4.6

（1）考虑时刻 t 时 A 的位置及凸
轮旋转角 θ，可知

$$r = r_0 + vt, \quad \theta = \omega t.$$

消去 t，得

$$r = r_0 + \frac{v}{\omega} \cdot \theta \quad (0 \leqslant \theta \leqslant \pi).$$

这段轮廓线为等速螺线.

（2）考虑时刻 t 时 A 的位置及凸轮旋转角 θ，可知

$$r = r_0 + \frac{1}{2}at^2, \quad \theta = \omega t.$$

消去 t，得

$$r = r_0 + \frac{a}{2\omega^2}\theta^2 \quad (0 \leqslant \theta \leqslant \pi).$$

利用轴对称性，可以作出凸轮的整个轮廓线.

2 曲线名题赏析

本章列举关于曲线的一些著名的数学问题或实际问题,通过对这些名题的讨论,我们可以看到曲线在数学问题及实际问题中的应用,在讨论中我们还将进一步给出所论曲线的一些较深入的性质.

2.1 抛物线与安全域

2.1.1 最大弦问题

在第 1 章 1.1 节中我们已经得到从地面抛出的质点的运动轨道在选定的直角坐标系中的方程

$$y = -\frac{g}{2v_1^2}x^2 + \frac{v_2}{v_1}x, \tag{1}$$

其中 v_1, v_2 分别为质点抛出时在水平方向和竖直方向的速度分量,g 为重力加速度. 若质点的初速度为 v_0,抛射角(v_0 与水平方向所夹的角)为 α,如图 2.1.1 所示,则

$$v_1 = v_0\cos\alpha, \quad v_2 = v_0\sin\alpha,$$

在时刻 t 时质点的位置为

$$x = v_0\cos\alpha \cdot t,$$
$$y = v_0\sin\alpha \cdot t - \frac{1}{2}gt^2, \tag{2}$$

这就是以 t 为参数的运动轨道方程. 于式(2)中消去 t,可得

$$y = x\tan\alpha - \frac{g}{2v_0^2}(1 + \tan^2\alpha)x^2. \tag{3}$$

当 v_0 固定而 α 变动时,如图 2.1.2 所示,式(3)表示一族抛物线.

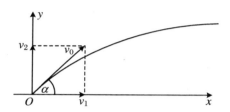

图 2.1.1

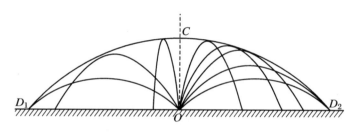

图 2.1.2

当质点落到地面时,$y = 0$,这时可得水平射程为

$$x = \frac{2v_0^2\tan\alpha}{g(1 + \tan^2\alpha)} = \frac{v_0^2\sin 2\alpha}{g},$$

它依赖于抛射角 α,且当 $\alpha = \dfrac{\pi}{4}$ 时,可达最大值

$$x_{\max} = \frac{v_0^2}{g}. \tag{4}$$

这是前面我们已经得到的结论.

式(4)可以看成抛物线族(3)在直线 $y = 0$ 上截得的最大弦,进一步,试问:何时抛物线在直线 $y = h\left(h \leqslant \dfrac{v_0^2\sin^2\alpha}{2g}\right)$ 上截得最大弦?

以 $x_1, x_2(x_1 < x_2)$ 记为抛物线(3)与直线 $y = h$ 的两个交点的横坐标,则抛物线在此直线上截得的弦长为

$$x_2 - x_1 = v_0 \cos \alpha (t_2 - t_1)$$
$$= v_0 \cos \alpha \sqrt{(t_2 + t_1)^2 - 4 t_1 t_2}, \qquad (5)$$

其中 t_1, t_2 分别是质点上升及下降过程中先后两次经过高度 h 的时刻. 由物理学可知,在时刻 t 质点到达的高度为

$$y = v_0 \sin \alpha \cdot t - \frac{1}{2} g t^2. \qquad (6)$$

当 $y = h$ 时式(6)可改写为

$$t^2 - \frac{2 v_0 \sin \alpha}{g} \cdot t + \frac{2h}{g} = 0, \qquad (7)$$

而 t_1, t_2 是方程(7)的两个根. 由韦达定理

$$t_1 + t_2 = \frac{2 v_0 \sin \alpha}{g}, \quad t_1 t_2 = \frac{2h}{g},$$

代入式(5)得

$$x_2 - x_1 = v_0 \cos \alpha \sqrt{\frac{4 v_0^2 \sin^2 \alpha}{g^2} - 4 \cdot \frac{2h}{g}}$$
$$= \frac{2}{g} \sqrt{v_0^2 \cos^2 \alpha (v_0^2 \sin^2 \alpha - 2gh)}.$$

如图 2.1.3 所示,欲 $x_2 - x_1$ 达到最大,只需

$$z = v_0^2 \cos^2 \alpha (v_0^2 \sin^2 \alpha - 2gh)$$

取极大. 但 $v_0^2 \cos^2 \alpha + (v_0^2 \sin^2 \alpha - 2gh) = v_0^2 - 2gh$ 为常数,故当

$$v_0^2 \cos^2 \alpha = v_0^2 \sin^2 \alpha - 2gh,$$

即抛射角为

$$\alpha = \frac{1}{2} \arccos \left(\frac{-2gh}{v_0^2} \right) \qquad (8)$$

时,z 取极大值,因而抛物线在直线 $y = h$ 上截得最大弦. 特别地,

若取 $h = 0$,则 $\alpha = \dfrac{\pi}{4}$,我们重新得到最大水平射程问题的解.

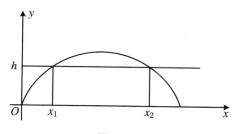

图 2.1.3

反过来,因为我们原来就已经有了最大水平射程问题的解,所以我们可以用它来给出一般的最大弦问题的另一种解法.

首先我们注意,由能量守恒定律,可知质点通过直线 $y = h$ 时的速度 v_h 满足

$$\frac{1}{2} m v_h^2 = \frac{1}{2} m v_0^2 - mgh.$$

由于质点的质量 m 为常数,故 v_h 为常数(即与抛射角 α 无关). 根据最大水平射程问题的解,只要质点通过 $y = h$ 时速度的方向与水平方向的夹角恰为 $\alpha = \dfrac{\pi}{4}$,则将在直线上截得最大弦. 此时,v_h 在水平方向与竖直方向上的分量大小相等,即

$$v_0 \cos \alpha = v_0 \sin \alpha - gt,$$

故得

$$v_0 (\cos \alpha - \sin \alpha) = - gt. \tag{9}$$

但由式(7)可得

$$t = \frac{v_0 \sin \alpha - \sqrt{v_0^2 \sin^2 \alpha - 2gh}}{g},$$

代入式(9)得

$$v_0(\cos \alpha - \sin \alpha) = -v_0\sin \alpha + \sqrt{v_0^2\sin^2 \alpha - 2gh},$$

$$v_0^2\cos^2 \alpha = v_0^2\sin^2 \alpha - 2gh,$$

$$\alpha = \frac{1}{2}\arccos\left(\frac{-2gh}{v_0^2}\right).$$

我们重新得到式(8).

2.1.2　安全抛物线

假设有一门高射炮,可以沿任意角度发射炮弹,炮弹发射时的初速度为常数 v_0.如果不计炮身的高度,不计空气阻力,且视炮弹为质点,则炮弹运行的所有可能的轨道就是抛物线族(3).在炮弹运行的铅直平面上被这些轨道充满的部分就是炮弹能够达到的区域,在这个区域之内的飞机有被炮弹击中的危险,而在区域以外的平面部分飞机是安全的.我们即将证明:作为这两个部分的分界的曲线是一条抛物线,称为"安全抛物线".为此,只需求出分界曲线的方程.若求得的方程确为二次方程,则安全抛物线名副其实.

有许多求安全抛物线方程的方法:最大射程法、判别式法、包络法.我们先讨论前两种方法,包络法留待第3章讨论.

用最大射程法求安全抛物线的方程,可以设计不同的方法.

方法1:给出过原点的直线族($y = kx : k \in (-\infty, +\infty)$),考察式(3)的抛物线族,其中发射角 $\alpha \in \left(-\dfrac{\pi}{2}, \dfrac{\pi}{2}\right)$.固定 k,求出炮弹在每条直线 $y = kx$ 的最大射程(也就是截得的最大弦),就能得到炮弹在这直线上所能到达的最远的点.当 k 变化时,这些点的轨迹就是安全抛物线,而点的坐标含有参数 k,即给出安全抛物线的参数方程.

方法2:给出平行于纵轴的直线族($x = a : a \in (-\infty, +\infty)$),考察式(3)的抛物线族,其中发射角 $\alpha \in \left(-\dfrac{\pi}{2}, \dfrac{\pi}{2}\right)$.固定 a,求出炮

弹在每条直线 $x = a$ 上所能到达的最高的点. 当 a 变化时,这些点的轨迹就是安全抛物线,而点的坐标含有参数 a,即给出安全抛物线的参数方程.

2.1.3 求安全抛物线的方程

1. 最大射程法(Ⅰ)

现在讨论抛物线族在每条直线 $y = kx$ 的最大射程(也就是截得的最大弦) l. 由 $y = kx$ 及式(2)(图 2.1.4)可得

$$v_0 \sin \alpha \cdot t - \frac{1}{2} g t^2 = k v_0 \cos \alpha \cdot t,$$

故

$$t = \frac{2 v_0 (\sin \alpha - k \cos \alpha)}{g}.$$

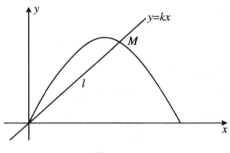

图 2.1.4

此时

$$x = \frac{2 v_0^2 \cos \alpha (\sin \alpha - k \cos \alpha)}{g} = \frac{v_0^2 (\sin 2\alpha - k(1 + \cos 2\alpha))}{g}$$

$$= \frac{v_0^2 (\sin 2\alpha - k \cos 2\alpha - k)}{g},$$

故当 $\sin 2\alpha - k \cos 2\alpha$ 取极大值时,x 取极大值,因而 l 亦然. 但

$$\sin 2\alpha - k\cos 2\alpha$$

$$= \sqrt{1+k^2}\left(\frac{1}{\sqrt{1+k^2}}\sin 2\alpha - \frac{k}{\sqrt{1+k^2}}\cos 2\alpha\right).$$

令 $\cos\theta = \dfrac{1}{\sqrt{1+k^2}}$,则 $\sin\theta = \dfrac{k}{\sqrt{1+k^2}}$,故上式成为

$$\cos\theta\sin 2\alpha - \sin\theta\cos 2\alpha = \sin(2\alpha - \theta).$$

当 $\alpha = \dfrac{1}{2}\left(\theta + \dfrac{\pi}{2}\right)$ 时,l 取极大值,即抛物线在直线 $y = kx$ 上截得最大弦. 最大弦的一个端点为原点,而另一个端点 M 的坐标为

$$x = \frac{v_0^2(\sqrt{1+k^2} - k)}{g},$$

$$y = kx.$$

当 k 变化时,这就是安全抛物线的参数方程;消去 k 得安全抛物线方程

$$y = -\frac{g}{2v_0^2}x^2 + \frac{v_0^2}{2g}. \tag{10}$$

2. 最大射程法(Ⅱ)

现在讨论抛物线族在每条直线 $x = a$ 上达到的最大高度(图 2.1.5).

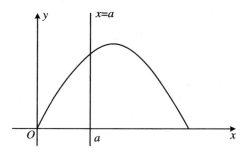

图 2.1.5

由式(3)可知,当 $x = a$ 时,有

$$y = a\tan\alpha - \frac{ga^2}{2v_0^2}(1 + \tan^2\alpha),$$

视 y 为 $\tan\alpha$ 的二次函数,即

$$y = -\frac{ga^2}{2v_0^2}\tan^2\alpha + a\tan\alpha - \frac{ga^2}{2v_0^2},$$

则 y 有极大值

$$y = -\frac{g}{2v_0^2}a^2 + \frac{v_0^2}{2g}.$$

当 a 变化时,即得安全抛物线方程(10).

3．判别式法

上面我们用最大射程法求得安全抛物线的方程,顺便也就得到了抛物线族在直线

$$y = kx, \quad x = a$$

上的最大射程及质点在这些直线上所达到的最远或最高的点的坐标.这些工作当然是有意义的.但如果我们只要求安全抛物线的方程,则用判别式法很快就能得到结果.

将式(3)改写为

$$\frac{gx^2}{2v_0^2}\tan^2\alpha - x\tan\alpha + \left(\frac{gx^2}{2v_0^2} + y\right) = 0. \tag{11}$$

设点 $P(x,y)$ 为定点,则 P 属于危险区域,当且仅当抛物线族中有一条抛物线通过 P,亦即对此 (x,y),式(11)对于 $\tan\alpha$ 有解,因而可以确定抛射角 α.但式(11)是关于 $\tan\alpha$ 的一元二次方程,其有解的充要条件为判别式非负,即

$$x^2 - 4\frac{gx^2}{2v_0^2}\left(\frac{gx^2}{2v_0^2} + y\right) \geqslant 0,$$

或写成

$$y \leqslant -\frac{g}{2v_0^2}x^2 + \frac{v_0^2}{2g}.$$

取等号即得危险区域的边界

$$y = -\frac{g}{2v_0^2}x^2 + \frac{v_0^2}{2g}.$$

这就是安全抛物线的方程,与式(10)一致.由此还可以看出,安全抛物线本身属于危险区域.

有趣的是,如果我们先用判别式法求出安全抛物线的方程(10),则我们可以求出它与任意曲线的交点,这交点就是质点在曲线上所能达到的最远的点.所以,反过来,利用安全抛物线很容易解决许许多多的最大射程问题.

例1　从地面以初速 v_0 抛出一个质点,求质点在一个高度为 h 的平台上所能达到的最远的点.

解　所求的点就是直线 $y = h$ 与安全抛物线(10)的交点,解联立方程

$$y = -\frac{g}{2v_0^2}x^2 + \frac{v_0^2}{2g},$$

$$y = h,$$

得

$$x = \pm\frac{v_0}{g}\sqrt{v_0^2 - 2gh},$$

$$y = h,$$

则点 (x, y) 为所求的点,即炮弹在平台上所能达到的最远的点.

在第3章中我们还将介绍用曲线族的包络求安全抛物线的方程的方法.

2.2　双曲线与可听域

2.2.1　问题的提出与可听域

　　一架超音速飞机在离地平面 h 的高度上从东向西匀速地沿水平直线飞行,飞行的速度为 v. 视飞机为一个质点,地面为平面,则飞机沿水平线飞行时在地面上的正投影为地面上的一条直线 l. 飞机的发动机不停地发出声音以音速 $u(u<v)$ 向四周传播,地面上可能听到飞机发动机的声音. 设在某个确定的时刻,飞机在地面的投影为直线 l 上的点 O,在这个时刻地面上能听到飞机声音的区域,称为此时刻的可听域. 我们的问题是求这个可听域.

　　我们固定一个时刻 T,这时飞机在地面的投影为直线 l 上的点 O. 设在时刻 T 之前的 $t\left(t\geqslant\dfrac{h}{u}\right)$ 时刻(此时刻到时刻 T 的时量为 t),飞机处于点 B,B 在 l 上的投影为点 A,$OA=vt$. 当飞机到达 O 点上空时,它在点 B 时发动机发出的声音充满了以 B 为中心,半径为 ut 的一个球,如图 2.2.1 所示. 如果 $ut\geqslant h$,则在点 B 发出的声音可以到达地面,在地面上可以听到这个声音的区域是一个圆面,即地平面截此球的截面. 这个圆面的中心为 l 上的点 A,半径为 $\sqrt{u^2t^2-h^2}$,记此圆面为 K_A. 对 l 上 O 点右边的每个点 A 作出对应的圆面 K_A,则所有这些圆面所盖住的平面部分就是时刻 T 时的可听域.

　　在图 2.2.2 上我们作出了几个这样的圆面,其中的虚线所围住的区域是所有这些圆面所盖住的部分,即虚线表示可听域的边界.

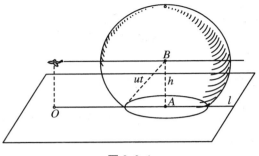

图 2.2.1

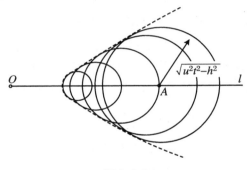

图 2.2.2

2.2.2   超音速汽车的可听域

我们取 $h=0$,并且把飞机换成汽车,求地面上的可听域.

当 $h=0$ 时,圆面 K_A 的半径 $\sqrt{u^2 t^2 - h^2} = ut$,我们的问题成为:作以 l 上与点 O 的距离为 $OA = vt$ 的点 A 为圆心,半径为 ut 的圆 K_A,求所有的圆 K_A 所盖住的区域.

这个问题不难解决.因为 t 变化时圆心 A 与点 O 的距离 $OA = vt$ 与 K_A 的半径 ut 成比例,所以所有的圆 K_A 都是位似形,点 O 是其公共的位似中心.在这种情况下,可听域为从点 O 作所有圆

K_A 的两条公切线所夹的角 SOT（图 2.2.3），称这个角为相应的超音速汽车可听域的特征角.

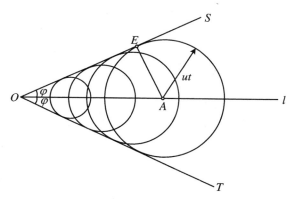

图 2.2.3

显然，直线 l 是 $\angle SOT$ 的角平分线，若记 $\angle SOT = 2\varphi$，则

$$\sin \varphi = \frac{AE}{OA} = \frac{ut}{vt} = \frac{u}{v},$$

$$\tan \varphi = \frac{AE}{OE} = \frac{ut}{t\sqrt{v^2 - u^2}} = \frac{u}{\sqrt{v^2 - u^2}},$$

故特征角由 u, v 决定.

2.2.3 超音速飞机的可听域

现在我们回到原来的问题：超音速飞机的可听域.

如图 2.2.4 所示，以 O 为原点，直线 l 为横轴建立直角坐标系，点 $M(x, y)$ 属于时刻 T 时的可听域，当且仅当存在 $t > 0$，使 $M(x, y)$ 属于圆心在点 A，半径为 $\sqrt{u^2 t^2 - h^2}$ 的圆 K_A，即应满足

$$(x - vt)^2 + y^2 \leqslant u^2 t^2 - h^2,$$

即

$$(v^2 - u^2)t^2 - 2vxt + (x^2 + y^2 + h^2) \leqslant 0, \tag{1}$$

所以 $M(x,y)$ 是否属于可听域,归结为这个关于 t 的不等式是否有解. 对此,我们有下面的一般性的引理:

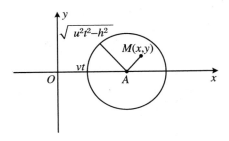

图 2.2.4

引理 已知 a,c 为正数,则存在正数 $t>0$ 满足不等式

$$at^2 + bt + c \leqslant 0.$$

的充要条件是:

(1) $b<0$;

(2) 判别式非负,即 $b^2 - 4ac \geqslant 0$.

证明 必要性.

若 $b \geqslant 0$,则 a,b,c 均为正数,因而对任意正数 t,$at^2 + bt + c$ 只取正数值;若 $b^2 - 4ac < 0$,则对任意 t,

$$at^2 + bt + c = a\left(t + \frac{b}{2a}\right)^2 - \frac{1}{4a}(b^2 - 4ac) > 0.$$

故当条件(1)或(2)不成立时,都不存在满足引理中的不等式的正数 t.

充分性.

由条件(2),方程

$$at^2 + bt + c = 0$$

有两个根. 由 a,c 为正数,条件(1)及韦达定理,可知两根同号且其和为正,故两根同为正数,它们都满足不等式.

应用这个引理于不等式(1),则条件成为:

(1) $2vx>0$,即 $x>0$;

(2) 判别式非负,即

$$(2vx)^2 - 4(v^2 - u^2)(x^2 + y^2 + h^2) \geq 0.$$

将这个不等式的左边展开,化简并除以正数 $4(v^2 - u^2)h^2$,可得

$$\frac{x^2}{\dfrac{v^2 h^2}{u^2} - h^2} - \frac{y^2}{h^2} \geq 1.$$

令 $\dfrac{v}{u}h = c$,则有

$$\frac{x^2}{c^2 - h^2} - \frac{y^2}{h^2} \geq 1. \tag{2}$$

注意 $v>u$,故 $c = \dfrac{v}{u}h>h$,而 $c^2 - h^2$ 为正数.

综合条件(1)和(2)可得:时刻 T 时的可听域为在纵轴右边由不等式(2)决定的平面区域.这个区域的边界为双曲线

$$\frac{x^2}{c^2 - h^2} - \frac{y^2}{h^2} = 1$$

的右支.

2.3　阿波罗圆与平面追及问题

本节我们利用阿波罗圆解决一个有趣的博弈问题——平面追及问题.我们只考察最简单的情形:一个追及者 P 和一个逃跑者 E.因为所论的是一个抽象的数学模型,故 P 和 E 均视为平面上的几何点.

2.3.1　平面上的简单运动

设 A 是平面上的一个动点,在时刻 t 时点 A 的位置记为 $A(t)$,$A(0)$ 是 A 的初始位置.若从 $t=0$ 开始,将 A 顺次通过的位置记录下来,则得到一条平面曲线,就是点 A 的运动轨道.在 $0 \sim t$ 这段时间内 A 沿轨道走过的路程(即轨道上的弧 $A(0)A(t)$ 的长度)记为 $S(t)$.若存在常数 v,使对于任意的 t 均有

$$S(t) = vt,$$

则称 A 的运动为简单运动,而 v 称为 A 的线速度:简单运动的线速度是一个常数.今后我们只考虑沿有限个顶点的折线的简单运动,这就是说,在运动的进程中,A 只是有限次地改变运动方向,而速度的大小保持不变.

设点 A 从初始位置 $A(0)$ 出发以常线速度 v 以各种方式沿有有限个顶点的折线作简单运动,t 是一个固定的时刻,则在时刻 t 时点 A 能够到达的所有可能位置组成的集合称为 A 在时刻 t 的可达域,记为 $G(t)$.今后约定以 $H(O,R)$ 表示以 O 为圆心,R 为半径的圆面,其边界是一个圆周,记为 $S(O,R)$.

引理 1　$G(t) = H(A(0),vt)$.

证明　设 M 为平面上的点.当 M 在 $S(A(0),vt)$ 上时,A 从 $A(0)$ 出发沿半径 $A(0)M$ 运动,由于 $A(0)M = vt$,故 A 在时刻 t 到达 M;当 M 在圆周 $S(A(0),vt)$ 外时 $A(0)$ 到 M 的最短的路程 $A(0)M > vt$,故 A 在时刻 t 不能到达 M;当 M 在圆周 $S(A(0),vt)$ 的内部时,A 有多种方式于时刻 t 到达 M.例如,作 $A(0)M$ 的中垂线且于其上取一点 C,使 $A(0)C = MC = \frac{1}{2}vt$,则 A 沿折线 $A(0)CM$ 运动时,恰于时刻 t 到达 M(图 2.3.1).

综上所述,引理得证.

显然, $H(A(0), vt)$ 也是 A 以常速 v 沿任何曲线作简单运动时在时刻 t 的可达域.

2.3.2 平面追及问题的提法

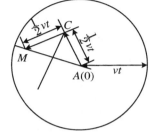

图 2.3.1

设 P 和 E 在平面上沿有有限个顶点的折线作简单运动, 其线速度分别为 ρ 和 σ 且 $\rho > \sigma$. 在 $t = 0$ 时, P 和 E 的初始位置为 $P(0)$, $E(0)$ 且 $P(0)E(0) > 0$; 而在时刻 t 时它们的位置为 $P(t)$, $E(t)$. 若 $P(t)$, $E(t)$ 重合, 则称在时刻 t 时 P 与 E 相遇或称 P 追上 E. 在运动过程中的每个时刻, 我们都假定 E 知道自己的位置, 也知道 P 的位置; P 知道自己的位置, 也知道 E 的位置及 E 运动的方向, 但 P 不能预先知道 E 将何时、以怎样的方式改变运动的方向. P 的目的在于在最短的时间内追上 E; 而 E 的目的则在于尽量延长被追上的时间, 且若可能, 则避免被 P 追上.

设 $\theta > 0$ 为实数, 若不论 E 如何运动, P 都有一种相应的运动方式, 使 P 不迟于时刻 θ 而追上 E, 则称 θ 为 P 保证追上 E 的时间; 若 E 有一种运动方式, 使不论 P 如何运动 E 都不会在时刻 θ 之前被 P 追上, 则称 θ 为 E 能保证不被 P 追上的时间. 显然, 若 θ 是 P 能保证追上 E 的时间, 则任何大于 θ 的数都是 P 能保证追上 E 的时间; 若 θ 是 E 保证不被 P 追上的时间, 则任何小于 θ 的数都是 E 保证不被 P 追上的时间. 若 θ 不是 P 保证能追上 E 的时间, 则 E 有一种方法使不论 P 如何运动都不能在较 θ 更短的时间内追上 E, 故 θ 是 E 的保证不被追上的时间; 若 θ 不是 E 保证能不被追上的时间, 则不论 E 如何运动, P 总有一种方法在不超过 θ 的时间内追上 E, 故 θ 是 P 的保证能追上的时间.

若 θ 是 P 保证追上 E 的时间,但任何的 $\theta' < \theta$ 都是 E 保证不被 P 追上的时间,则称 θ 为最优追及时间,这时 P 和 E 的相应的运动方式分别称为最优追及策略和最优逃跑策略.值得注意的是,最优追及时间是 P 保证追上 E 的时间的最小值,也是 E 保证不被 P 追上的时间的最大下界,这就是说,如果 E 不按最优逃跑策略运动,则 P 就能在少于 θ 的时间内追上 E;最优追及策略是一种应对方式,它指出 P 如何根据关于 E 的运动的已知信息决定自己的运动方式,使不迟于最优追及时间而追上 E;而最优逃跑策略则是 E 自行决定的一种运动方式,使不论 P 如何运动,在最优追及时间之前 E 不被 P 追上.

我们将在 P 和 E 沿平面上有有限个顶点的折线(其特例为射线)作简单运动的条件下,已知 P 和 E 的初始位置 $P(0)$, $E(0)(P(0)E(0) = b > 0)$ 及线速度 $\rho, \sigma(\rho > \sigma)$,求解 P 对 E 的追及问题.

综上所述,这个问题的解答包含下面的三个方面:

(1) 最优追及时间;

(2) P 的最优追及策略;

(3) E 的最优逃跑策略.

2.3.3　阿波罗圆的性质

在给出追及问题的解之前,我们先结合追及讨论阿波罗圆的一些重要的性质并归结为若干引理,以备引用.

首先,易知直线 PE 与阿波罗圆的交点 A 为阿波罗点,我们有下面的引理:

引理 2　阿波罗点 A 是阿波罗圆上与 $E(0)$ 相距最远的点.

证明　如图 2.3.2 所示,设 M 是阿波罗圆上异于 A 的任一

点,由于 $\triangle O_1MA$ 为等腰三角形,因而

$$\angle O_1MA = \angle O_1AM,$$

于是有

$$\angle E(0)MA > \angle O_1MA = \angle O_1AM = \angle E(0)AM,$$

故有

$$E(0)A > E(0)M,$$

即 A 是阿波罗圆上与 $E(0)$ 相距最远的点.

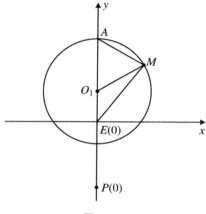

图 2.3.2

根据第 1 章,选定坐标系使点 $E(0),P(0)$ 的坐标分别为 $E(0)(0,0),P(0)(0,-b)$,则相应的阿波罗圆 $S(O_1,R_1)$ 的方程为

$$x^2 + \left(y - \frac{\sigma^2 b}{\rho^2 - \sigma^2}\right)^2 = \left(\frac{\rho\sigma b}{\rho^2 - \sigma^2}\right)^2.$$

容易算出

$$E(0)O_1 = \frac{\sigma^2 b}{\rho^2 - \sigma^2},$$

$$P(0)O_1 = P(0)E(0) + E(0)O_1 = \frac{\rho^2 b}{\rho^2 - \sigma^2},$$

$$O_1 A = R_1 = \frac{\rho \sigma b}{\rho^2 - \sigma^2},$$

因而有

$$E(0)A = E(0)O_1 + O_1A = \frac{\sigma b}{\rho - \sigma},$$

$$P(0)A = P(0)E(0) + E(0)A = \frac{\rho b}{\rho - \sigma}.$$

注意到 $P(0), E(0), O_1, A$ 在同一直线上,可得以下引理:

引理 3　下列三圆(图 2.3.3)

$$S\left(O_1, \frac{\rho \sigma b}{\rho^2 - \sigma^2}\right), \quad S\left(E(0), \frac{\sigma b}{\rho - \sigma}\right), \quad S\left(P(0), \frac{\rho b}{\rho - \sigma}\right)$$

相切于同一点 A,因而

$$H\left(O_1, \frac{\rho \sigma b}{\rho^2 - \sigma^2}\right) \subset H\left(E(0), \frac{\sigma b}{\rho - \sigma}\right) \subset H\left(P(0), \frac{\rho b}{\rho - \sigma}\right).$$

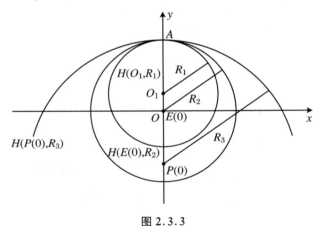

图 2.3.3

推论　点 O_1 是阿波罗圆 $P(E(0), P(0))$ 的圆心,当且仅当 O_1 在射线 $P(0)E(0)$ 上,且

$$O_1 E(0) : O_1 P(0) = \sigma^2 : \rho^2$$

这个比值与 $P(0), E(0)$ 之间的距离无关.

证明 由

$$O_1 E(0) = \frac{\sigma^2 b}{\rho^2 - \sigma^2},$$

$$O_1 P(0) = O_1 E(0) + b = \frac{\sigma^2 b}{\rho^2 - \sigma^2} + b = \frac{\rho^2 b}{\rho^2 - \sigma^2}$$

立得.

引理 4 若 P, E 分别从 $P(0), E(0)$ 出发,同时向对应的阿波罗圆上的点 M 运动(速度分别为 ρ, σ),则在任意时刻 t,均有

$$P(t)E(t) /\!/ P(0)E(0).$$

证明 如图 2.3.4 所示,由于点 M 在阿波罗圆上,故

$$P(0)M : E(0)M = \rho : \sigma.$$

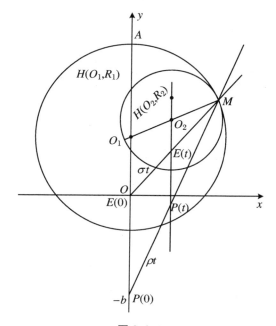

图 2.3.4

又
$$P(0)P(t) : E(0)E(t) = \rho t : \sigma t = \rho : \sigma,$$
故
$$P(0)P(t) : E(0)E(t) = P(0)M : E(0)M,$$
由此可知 $P(t)E(t) /\!/ P(0)E(0)$.

推论　在引理 4 中,设 O_1 是阿波罗圆 $A(P(0),E(0))$ 的圆心,则 O_1M 与 $P(t)E(t)$ 的交点 O_2 恰是阿波罗圆 $A(P(t),E(t))$ 的圆心. 于是阿波罗圆 $A(P(t),E(t))$ 与阿波罗圆 $A(P(0),E(0))$ 内切于点 M,因而
$$A(P(t),E(t)) \subset A(P(0),E(0)).$$

证明　由 $P(t)E(t) /\!/ P(0)E(0)$ 可得
$$O_2E(t) : O_2P(t) = O_1E(0) : O_1P(0) = \sigma^2 : \rho^2.$$
由引理 3 的推论可知结论成立.

下面是一条纯代数的引理:

引理 5　设 $\rho > \sigma \geqslant 0$,则对任意实数 $v_1, v_2, v_1^2 + v_2^2 = \sigma^2$,下面的不等式成立:
$$\sqrt{\rho^2 - v_1^2} - v_2 \geqslant \rho - \sigma.$$

证明　不等式的两边同乘以 $\sqrt{\rho^2 - v_1^2} + v_2 > 0$,得
$$\rho^2 - v_1^2 - v_2^2 \geqslant (\rho - \sigma)(\sqrt{\rho^2 - v_1^2} + v_2).$$
注意到 $v_1^2 + v_2^2 = \sigma^2$,故得
$$\rho + \sigma \geqslant \sqrt{\rho^2 - v_1^2} + v_2.$$
而 $\rho \geqslant \sqrt{\rho^2 - v_1^2}, \sigma \geqslant |v_2| \geqslant v_2$,故不等式成立.

2.3.4　沿射线运动的追及问题

我们从简单情形入手,设 P 和 E 都只能沿射线运动,这时它们

均不改变运动方向.

如果 P 和 E 同时出发经过时间 t 后 P 在点 M 处追上 E,那么

$$PM : EM = \rho t : \sigma t = \rho : \sigma,$$

故 M 在由 P,E 和 ρ,σ 决定的阿波罗圆上.直观地说,E 要延长不被 P 追上的时间,它应该朝阿波罗圆 ρ,σ 个距离 $E(0)$ 最远的点逃跑,这一点就是阿波罗点.

设 P,E 均限于沿射线作简单运动.

若 E 沿射线 $E(0)A$ 运动,则 P 要与 E 相遇,P 必沿射线 $P(0)A$ 运动,这时 P 在 A 点追上 E,所历时间为

$$\theta = \frac{P(0)A}{\rho} = \frac{E(0)A}{\sigma} = \frac{P(0)A - E(0)A}{\rho - \sigma} = \frac{b}{\rho - \sigma}.$$

若 E 沿任意射线运动,M 是 E 的轨道与阿波罗圆的交点,则 P 要与 E 相遇,P 必沿射线 $P(0)M$ 运动,这时 P 在 M 点追上 E,由引理 2,所历时间 t 满足

$$t = \frac{E(0)M}{\sigma} \leqslant \frac{E(0)A}{\sigma} = \frac{b}{\rho - \sigma} = \theta.$$

由此我们得到沿射线作简单运动时追及问题的解答:

定理 1 如果 P,E 都限于沿射线作简单运动,那么,追及问题的解答为:

(1) 最优追及时间为 $\theta = \dfrac{b}{\rho - \sigma}$;

(2) P 的最优策略是:当 E 从 $E(0)$ 出发沿射线作简单运动时,设此射线与阿波罗圆交于点 M,则 P 沿射线 $P(0)M$ 运动且在 M 点追上 E;

(3) E 的最优策略是:沿射线 $P(0)E(0)$ 运动.

依据这个解答,当 P 追上 E 时,P,E 总是相遇在阿波罗圆上.

现在将条件放宽,允许 P 沿任意曲线(不必是有有限个顶点的

折线)运动,但 E 仍限于沿射线运动.这时定理 1 的结论仍然成立,即有以下定理:

定理 2 若 P 可沿任意曲线作简单运动,而 E 限于沿射线作简单运动,则追及问题的解仍如定理 1 所述.

证明 当 P 按定理 1 中的策略行动时,它在 $t = \dfrac{E(0)M}{\sigma}$ 时追上 E. 为证明定理我们只需证明 P 沿任意曲线运动时在此时刻之前都不能追上 E.

如图 2.3.5 所示,固定时刻 $t : t < \dfrac{E(0)M}{\sigma}$,则 E 沿 $E(0)M$ 运动时在时刻 t 到达位置 $E(t) : E(0)E(t) = \sigma t$. 由引理 1,$P$ 沿任意曲线作简单运动在时刻 t 的可达域为圆面 $H(P(0), \rho t)$. 设射线 $P(0)M$ 与圆周 $S(P(0), \rho t)$ 的交点为 P',则 $P(0)P' = \rho t$,于是

$$\frac{E(0)M}{P(0)M} = \frac{E(0)E(t)}{P(0)P'} = \frac{\sigma}{\rho},$$

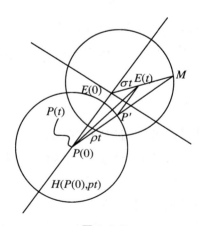

图 2.3.5

故有

$$\frac{E(0)M}{P(0)M} = \frac{E(0)M - E(0)E(t)}{P(0)M - P(0)P'} = \frac{E(t)M}{P'M},$$

因而

$$P'E(t) \parallel P(0)E(0),$$

$$\angle E(0)P(0)P' + \angle P(0)P'E(t) = \pi.$$

但 $P(0)$ 在阿波罗圆外, 故可知 $\angle E(0)P(0)P' < \dfrac{\pi}{2}$, 因而

$\angle P(0)P'E(t) > \dfrac{\pi}{2}$, 即 $\triangle P(0)P'E(t)$ 为钝角三角形, 且

$$\rho t = P(0)P' < P(0)E(t),$$

故 $E(t)$ 在可达域 $H(P(0), \rho t)$ 之外, 因而在时刻 t 时 P 不能追上 E. 由此及定理 1, 即知定理 2 成立.

2.3.5 平行逼近策略与追及问题的解

我们用向量 $V = (v_1, v_2)$ 表示运动速度, 其中 v_1, v_2 分别是 V 在横轴、纵轴方向的分速度的大小.

下述的 P 追及 E 的策略称为平行逼近策略:

设在 $t = 0$ 时 E 从初始位置 $E(0)$ 以线速度 σ 沿射线 $E(0)A_1$ 运动, 其速度向量为

$$V_1 = (v_{11}, v_{12}), \quad v_{11}^2 + v_{12}^2 = \sigma^2.$$

这时 P 从 $P(0)$ 出发以向量速度

$$U_1 = (u_{11}, u_{12}) = (v_{11}, \sqrt{\rho^2 - v_{11}^2})$$

沿射线 $P(0)B_1$ 运动.

在 t_1 时 E 改变运动方向而沿 $E(t_1)A_2$ 运动, 其向量速度为

$$V_2 = (v_{21}, v_{22}), \quad v_{21}^2 + v_{22}^2 = \sigma^2.$$

这时 P 也同时改变运动方向, 以向量速度

$$U_2 = (u_{21}, u_{22}) = (v_{21}, \sqrt{\rho^2 - v_{21}^2})$$

沿射线 $P(t_1)B_2$ 运动.

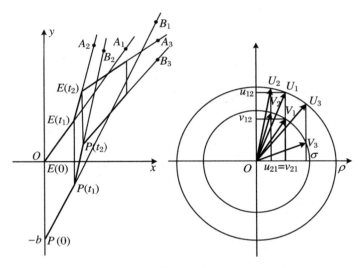

图 2.3.6

在 t_2 时 E 再次改变运动方向而沿 $E(t_2)A_3$ 运动,其向量速度为

$$V_3 = (v_{31}, v_{32}), \quad v_{31}^2 + v_{32}^2 = \sigma^2.$$

这时 P 也同时改变运动方向,以向量速度

$$U_3 = (u_{31}, u_{32}) = (v_{31}, \sqrt{\rho^2 - v_{31}^2})$$

沿射线 $P(t_2)B_3$ 运动.

如此进行下去: E 和 P 均只有限次改变运动方向. 由于 P 在任何时刻都保持与 E 在横轴方向有相同的速度,因而在任一时刻 $P(t)E(t)$ 均与纵轴平行,即恒有 $P(t)E(t) /\!/ P(0)E(0)$,平行逼近策略即由此得名. 由引理 4 可知,在沿射线运动的情形,定理 1 和定理 2 中 P 的策略都是平行逼近策略.

　　若 E 在时刻 t_k 最后一次改变运动方向,即从 t_k 开始 E 沿射线运动,则由定理 1, P 将在阿波罗圆 $A(P(t_k),E(t_k))$ 上与 E 相遇,故依平行逼近策略,P 必在有限的时间内追上 E.

　　下面的定理 3 给出 P,E 均沿有有限个顶点的折线运动时追及问题的解,其中 P 的最优策略就是平行逼近策略.

　　定理 3　设 P 和 E 从初始位置 $P(0)$,$E(0)$ 出发以常线速度 ρ,σ 沿有有限个顶点的折线作简单运动,则当 $P(0)E(0) = b > 0$,$\rho > \sigma$ 时,追及问题的解为:

　　(1) 最优追及时间为 $\theta = \dfrac{b}{\rho - \sigma}$;

　　(2) P 的最优追及策略为平行逼近策略;

　　(3) E 的最优逃跑策略为沿射线 $P(0)E(0)$ 运动.

　　证明　我们只要证明:不论 E 如何运动,P 依平行逼近策略必在不迟于 $\theta = \dfrac{b}{\rho - \sigma}$ 的时刻追上 E.

　　设 E 在时刻 $0 = t_1 < t_2 < \cdots < t_k$ 改变速度的方向.依平行逼近策略,在 $t_{i-1} \leqslant t \leqslant t_i$ 时,E,P 的速度向量分别为

$$V_i = (v_{i1},v_{i2}), \quad v_{i1}^2 + v_{i2}^2 = \sigma^2;$$
$$U_i = (u_{i1},u_{i2}) = (v_{i1},\sqrt{\rho^2 - v_{i1}^2}),$$
$$(1 \leqslant i \leqslant k + 1, t_{k+1} = \infty),$$

则当 $0 \leqslant t \leqslant t_1$ 时

$$P(t) = (P_1(t),P_2(t)) = (tv_{11}, -b + t\sqrt{\rho^2 - v_{11}^2}),$$
$$E(t) = (E_1(t),E_2(t)) = (tv_{11},tv_{12}),$$

故由引理 5 可得

$$E_2(t) - P_2(t) = b - t(\sqrt{\rho^2 - v_{11}^2} - v_{12}) \leqslant b - t(\rho - \sigma).$$

因而

$$E_2(t_1) - P_2(t_1) \leqslant b - t(\rho - \sigma). \tag{1}$$

当 $t_1 \leqslant t \leqslant t_2$ 时

$$P(t) = (P_1(t), P_2(t))$$

$$= (P_1(t_1) + (t - t_1)v_{21}, P_2(t_1) + (t - t_1)\sqrt{\rho^2 - v_{21}^2}),$$

$$E(t) = (E_1(t), E_2(t))$$

$$= (E_1(t_1) + (t - t_1)v_{21}, E_2(t_1) + (t - t_1)v_{22}),$$

利用式(1)并由引理 5,同样可得

$$E_2(t) - P_2(t)$$

$$= (E_2(t_1) - P_2(t_1)) - (t - t_1)(\sqrt{\rho^2 - v_{21}^2} - v_{22})$$

$$\leqslant b - t_1(\rho - \sigma) - (t - t_1)(\rho - \sigma)$$

$$= b - t(\rho - \sigma).$$

依此递推,可知对任意 $t \geqslant 0$,恒有

$$E_2(t) - P_2(t) \leqslant b - t(\rho - \sigma),$$

但当 $t = \dfrac{b}{\rho - \sigma} = \theta$ 时上式右边为 0;又易知

$$E_2(0) - P_2(0) = 0 - (-b) = b \geqslant 0,$$

故存在 $\tilde{t} : 0 < \tilde{t} \leqslant \theta$,使

$$E_2(\tilde{t}) - P_2(\tilde{t}) = 0,$$

即

$$E_2(\tilde{t}) = P_2(\tilde{t});$$

又对于平行逼近策略,恒有 $E_1(t) = P_1(t)$,故亦有

$$E_1(\tilde{t}) = P_1(\tilde{t}).$$

这说明 P 与 E 在时刻 $\tilde{t}$ 时相遇,即 P 在不迟于 θ 的时刻追上 E.

根据定理 3,依平行逼近策略,P 在不迟于最优追及时间 θ 时追上 E,下面的定理 4 则给出了 P 和 E 相遇的地点所在的范围.

定理 4 设 $\rho > \sigma$,且 E 任意地沿有有限个顶点的折线运动,则

当 P 采用平行逼近策略时,必在对应于初始位置 $P(0)$,$E(0)$ 的阿波罗圆所界的圆面 $H(O_0,R_0)$ 中追上 E.

证明　如图 2.3.7 所示,设 E 在 $0<t_1<t_2<\cdots<t_k<\theta$ 这些时刻改变运动方向,这时诸线段 $P(0)E(0)$,$P(t_1)E(t_1)$,$P(t_2)E(t_2)$,$\cdots$,$P(t_k)E(t_k)$ 相互平行.记 $P(t_i)$,$E(t_i)$ 所对应的阿波罗圆为 $S(O_i,R_i)(i=1,2,\cdots,k)$,则由引理 4 的推论可知

$$H(O_k,R_k)\subset H(O_{k-1},R_{k-1})\subset\cdots\subset H(O_1,R_1)\subset H(O_0,R_0).$$

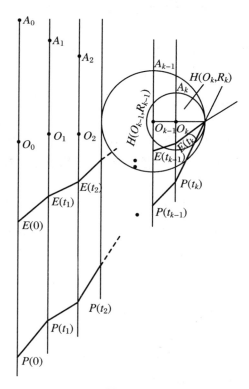

图 2.3.7

但在时刻 t_k 之后，E 沿射线运动（即不再改变运动方向），故 P 与 E 相遇在阿波罗圆 $S(O_k, R_k)$ 上，显然

$$S(O_k, R_k) \subset H(O_k, R_k) \subset H(O_0, R_0),$$

定理得证.

至此，我们已经给出沿有有限个顶点的折线作简单运动时的追及问题的完美的解答.

2.4 椭圆与行(卫)星轨道

椭圆的重要性突出表现在它是许多星球的运行轨道，本节我们用粗浅的方法探求行星运动的轨道.

2.4.1 匀速圆周运动

设质点在圆周上绕圆心运动，其线速度的大小为常数，而速度的方向恒与其所在位置的半径垂直，我们称质点这样的运动为匀速圆周运动.

物理学告诉我们，物体在作匀速圆周运动时会产生一个离心力，离心力作用在质点上，其方向为圆心指向质点的射线方向，其大小与质点的质量 m，圆的半径 r 及质点运动的速度的大小 v 有关，它等于 $\dfrac{mv^2}{r}$. 要使质点不因离心力的作用而离开作为运动轨道的圆周，就需要一个作用在质点上而方向指向圆心的力与离心力平衡，它就是向心力，其大小应与离心力相等，否则也会使质点脱离圆周轨道. 当向心力与离心力大小相等时，向心力完全用来改变质点的运动方向，而并不改变速度的大小.

根据牛顿的万有引力定律，质量为 m_1, m_2 的质点之间的引力为

$$F = \frac{Gm_1 m_2}{r^2},\qquad (1)$$

其中 $G = 6.672 \times 10^{-20}$ km^3/(s^2 · kg)为万有引力常数. 依此定律, 太阳与行星相互吸引, 太阳的质量为 $M = 1.982 \times 10^{30}$ kg, 如果行星的质量为 m, 太阳与行星的距离为 r, 则引力的大小为 $\frac{(6.672 \times 10^{-20})(1.982 \times 10^{30})m}{r^2}$. 由牛顿第二定律, 这个引力使行星产生向太阳落下的加速度为

$$\frac{(6.672 \times 10^{-20})(1.982 \times 10^{30})}{r^2} = \frac{1.332 \times 10^{11}}{r^2} \text{ (km/s}^2\text{)}.$$

它只与行星到太阳的距离 r 有关, 而与行星本身的质量无关.

但是行星并不落向太阳, 这是因为行星在运动. 要使行星运动产生的离心力恰好抵消太阳的引力, 即

$$\frac{mv^2}{r} = \frac{1.332 \times 10^{11}m}{r^2},$$

则速度 v 应为

$$v = \frac{363\,600}{\sqrt{r}} \text{ km/s}.\qquad (2)$$

这个式子为行星运动的速度的大小与行星到太阳的距离之间的关系, 它与行星的质量无关; 当此速度的方向恒与太阳和行星之间的连线垂直时, 行星绕太阳作匀速圆周运动, 轨道半径恰为 r.

2.4.2 行(卫)星运动的椭圆轨道

如果行星运动的速度的大小和方向都满足要求, 则它将保持绕太阳作匀速圆周运动的性状不变. 但这只是一种状态的平衡, 一旦由于外力的作用平衡被打破, 则又要产生新的平衡. 实际上, 行星及卫星的轨道为椭圆, 下面我们对其中的道理作粗浅的

说明.

　　为了说明行(卫)星的轨道是椭圆,我们还需要关于星体运动一般规律的开普勒定律.开普勒在整理他的老师测得的关于星球运动的大量数据时发现:在行星运动的过程中,行星与太阳所连线段(向径)在相等的时间内所扫过的面积都相等.

　　开普勒定律是行星运动的一条普适定律.当行星绕太阳 O 作匀速圆周运动时,开普勒定律显然成立,我们考虑一般情形.如图 2.4.1 所示,如果在相同的一段很短的时间内,行星可从 P_1 走到 P_2,或从 P_3 走到 P_4,那么扫过的面积 P_1OP_2 和 P_3OP_4 相等.因为时间很短,这些面积近似等于 $\triangle P_1OP_2$ 和 $\triangle P_3OP_4$ 的面积.设点 P_1,P_2 与太阳的距离 OP_1,OP_2 为 r_1,r_2,$P_1M \perp OP_2$ 于点 M,则 $\triangle P_1OP_2$ 的面积为 $\frac{1}{2}P_1M \times OP_2$.取这段很短的时间为时间单位(例如 1 秒),则弧 P_1P_2 的长度近似等于行星在 P_1 的速度 v,而 P_1M 即为 v 在 OP_2 上的射影 v_2,$\triangle P_1OP_2$ 的面积等于 $\frac{1}{2}r_2v_2$.根据开普勒定律,这个面积与 P_1,P_2 的位置无关,即 r_2v_2 为常量,因而 r_2 与 v_2 成反比,这就是说,无论行星在什么位置,行星与太阳的距离与行星的速度在垂直于它与太阳的连线的直线上的射影(即速度的分量)成反比.

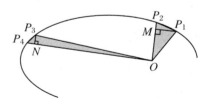

图 2.4.1

如图 2.4.2 所示所示,现设行星绕太阳作匀速圆周运动,线速度为 v_0. 在 D 处行星突然受到一个外力的瞬时作用,产生一个沿射线 OD 方向的速度 v_d. 此后,行星除了绕太阳的匀速圆周运动外,根据牛顿第一定律,还依惯性以速度 v_d 作匀速直线运动,行星的实际运动就是这两个运动的合成,实际运动的轨道就是这个合成运动的轨道. 我们说明这个轨道恰是以太阳为一个焦点的椭圆,为此,只需求出轨道的方程,它恰是椭圆方程.

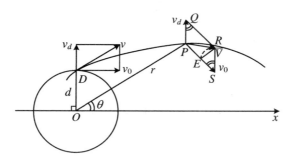

图 2.4.2

如图 2.4.2 所示,以太阳所在位置 O 为极点,与 OD 垂直的射线 Ox 为极轴建立极坐标系. 在 D 点,行星与太阳的距离为 d,行星的速度 V(v_0 与 v_d 的向量和)在行星与太阳的连线的垂线上的射影就是 v_0,两者之积为 dv_0. 当行星运动到点 P 时,行星与太阳的距离等于 P 点的向径 r,点 P 的极角为 $\angle POx = \theta$. 这时,行星的速度 V 由 v_0,v_d 依平行四边形法则确定:V 为平行四边形 $PQRS$ 的对角线 PR. 由于 v_d 与极轴 Ox 垂直,而 v_0 与向径 OP 垂直,故知 $\angle PSR = \angle POx = \theta$. 又 $PS \perp OP$,V 在 PS 上的射影 PE 为

$$PE = PS - ES = v_0 - v_d \cos \theta.$$

它与向径 r 的乘积为 $r(v_0 - v_d \cos \theta)$. 由开普勒定律,有

$$r(v_0 - v_d \cos \theta) = dv_0.$$

由此可得

$$r = \cfrac{d}{1 - \cfrac{v_d}{v_0}\cos\theta}. \tag{3}$$

这是行星运动轨道的极坐标方程,当 $v_d < v_0$ 时,$e = \cfrac{v_d}{v_0} < 1$,轨道为椭圆.

2.4.3 行星运动的轨道方程

我们已经知道行星运动的轨道是椭圆

$$r = \cfrac{d}{1 - \cfrac{v_d}{v_0}\cos\theta} = \cfrac{d}{1 - e\cos\theta}, \tag{4}$$

其中,d 是行星绕太阳作匀速圆周运动时圆形轨道的半径,v_0 是速度的大小;v_d 是瞬时作用于行星的力使行星产生的一个速度;$e = \cfrac{v_d}{v_0} < 1$ 是椭圆轨道的离心率.

应该指出的是,我们只是一般地讨论了行星运动轨道曲线的类型,因而是定性的. 要具体写出一个行星运动轨道的方程,还必须具体定出 d,v_0,v_d. 但这些数据都产生于行星由匀速圆周运动在转变为沿椭圆轨道运动的瞬间,它早已过去而成为历史,我们已经观测不到. 所以,我们只能通过对轨道的实际测量来建立椭圆轨道的方程,这就需要研究可以观测的量及其与椭圆的参数之间的关系.

回到行星运动轨道的椭圆方程,太阳在椭圆的一个焦点上,我们取之为极点. 由方程得:

当 $\theta = 0$ 时,$\cos\theta = 1$,r 有极大值 $r_1 = \cfrac{d}{1 - e}$,称这时行星的位

置为"远日点"，r_1 为"远日距"；

当 $\theta = \pi$ 时，$\cos \theta = -1$，r 有极小值 $r_2 = \dfrac{d}{1+e}$，称这时行星的位置为"近日点"，r_2 为"近日距".

于是

$$d = r_1(1-e) = r_2(1+e), \tag{5}$$

$$\frac{r_1}{r_2} = \frac{1+e}{1-e}, \tag{6}$$

因而

$$e = \frac{r_1 - r_2}{r_1 + r_2}. \tag{7}$$

当 $\theta = \dfrac{\pi}{2}$ 时，$\cos \theta = 0$，$r = d$.

故只需测出近日距和远日距，由式(5)和式(7)定出 d 和 e，即可写出轨道的极坐标方程. 又易知近日点与远日点之间的距离恰为椭圆长轴 $2a$，因而

$$a = \frac{1}{2}(r_1 + r_2) = \frac{1}{2}d\left(\frac{1}{1-e} + \frac{1}{1+e}\right) = \frac{d}{1-e^2}. \tag{8}$$

由解析几何可知，当椭圆的长轴为 $2a$，短轴为 $2b$，焦距为 $2c$ 时，$e = \dfrac{c}{a}$，而 $c = ae$，故

$$b^2 = a^2 - c^2 = a^2(1-e^2). \tag{9}$$

由式(8)和式(9)可得轨道的直角坐标方程

$$\frac{x^2}{a^2} + \frac{y^2}{a^2(1-e^2)} = 1. \tag{10}$$

最后，我们求行星绕太阳运动的周期(即行星绕太阳一周所需的时间).

根据开普勒定律，行星与太阳的连接线段(向径)在相同的时

间内扫过相等的面积. 前面已经知道,在 D 点时行星一秒扫过的面积等于 $\frac{1}{2}dv_0$,由式(2),v_0 与 d 满足

$$v_0 = \frac{363\,600}{\sqrt{d}},$$

故一秒扫过的面积为

$$S = \frac{1}{2}dv_0 = \frac{1}{2}d \times \frac{363\,600}{\sqrt{d}} = 181\,800\,\sqrt{d}.$$

由式(5),此式又可写成

$$S = 181\,800\,\sqrt{r_1(1-e)} = 181\,800\,\sqrt{r_2(1+e)}.$$

由式(5)、式(8)和式(9),椭圆的面积为

$$A = \pi ab = \pi a \cdot a\,\sqrt{1-e^2} = \pi\,\frac{r_1^2(1-e)^2}{(1-e^2)^2}\,\sqrt{1-e^2}$$

$$= \pi r_1^2\,\sqrt{\frac{1-e}{(1+e)^3}},$$

由此求出行星运动的周期为

$$T = \frac{A}{S} = \pi r_1^2\,\sqrt{\frac{1-e}{(1+e)^3}} \div \left[181\,800\,\sqrt{r_1(1-e)}\right]$$

$$= 1.728 \times 10^{-5}\,\sqrt{\frac{r_1^3}{(1+e)^3}}\ (秒)$$

或

$$T = 2.000 \times 10^{-10}\,\sqrt{\frac{r_1^3}{(1+e)^3}} = 2.000 \times 10^{-10}\,\sqrt{\frac{r_2^3}{(1-e)^3}}\ (天).$$

2.5　三次抛物线与三次函数

对于二次函数及其图像抛物线在中学数学中已经做过详细的讨论,建立了系统而优美的理论,本节讨论三次函数及其图像三次

抛物线.要注意的是,三次函数与三次抛物线的性质相互交融:曲线的性质反映了函数的性质,而函数的性质必然表现于曲线之中,实际上两者密不可分.

2.5.1 三次抛物线的中心对称性

三次函数的一般形式是

$$y = f(x) = ax^3 + bx^2 + cx + d, \tag{1}$$

其中 a, b, c, d 均为实数且 $a \neq 0$,函数的定义域为全体实数,因而其图像是展布在横轴上下方的一条曲线.如同二次函数的图像抛物线的最基本因而最重要的性质是其轴对称性一样,三次抛物线的最基本因而最重要的性质是其中心对称性.

命题 1 三次函数(1)的图像是以 $G\left(-\dfrac{b}{3a}, \dfrac{2b^3}{27a^2} - \dfrac{bc}{3a} + d\right)$ 为对称中心的中心对称曲线.

证明 用配立方法将式(1)化为

$$y = ax^3 + bx^2 + cx + d$$

$$= a\left(x + \frac{b}{3a}\right)^3 - \frac{b^2 - 3ac}{3a}\left(x + \frac{b}{3a}\right) + \frac{2b^3}{27a^2} - \frac{bc}{3a} + d. \tag{2}$$

作平移将坐标原点移到点 G(图 2.5.1):

$$x = X - \frac{b}{3a},$$

$$y = Y + \left(\frac{2b^3}{27a^2} - \frac{bc}{3a} + d\right), \tag{3}$$

则式(1)化为

$$Y = F(X) = AX^3 - BX, \tag{4}$$

其中

$$A = a \neq 0, \quad B = \frac{b^2 - 3ac}{3a}, \tag{5}$$

易见曲线(4)关于原点中心对称,即命题 1 成立.

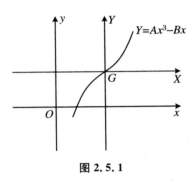

图 2.5.1

方程(4)较方程(1)简单,所以我们常常利用式(3)讨论三次函数及其图像的性质,然后利用关系式(5)将结论转化为式(1)所表示的一般情形.

2.5.2　三次抛物线的类型

我们知道,作为二次函数图像的抛物线都是相似的.较之抛物线,三次抛物线更加复杂,它有四种不同的类型.

三次抛物线是三次函数的图像.函数的图像直观地反映函数的变化情况,而图像也就由函数变化的情况决定.所以,为了讨论三次抛物线的类型,我们先讨论三次函数的分类、单调性与极值.

三次函数可以划分为性质不同的两类:一类在整个定义域$(-\infty, +\infty)$上是单调的;另一类则不然.我们给出这种分类的判据,即讨论三次函数的单调性.

命题 2　三次函数(4)在$(-\infty, +\infty)$上单调的充要条件是 $AB \leqslant 0$.这时,若 $A > 0$,则函数是递增的;若 $A < 0$,则为递减.

证明　充分性.

因为函数 $y = x$ 及 $y = x^3$ 都是递增的,故当 $AB \leqslant 0$ 时式(4)是

单调的：当 $A>0$ 时单调递增，当 $A<0$ 时单调递减.

必要性.

若 $AB>0$，则 $\dfrac{B}{A}>0$，故

$$AX^3 - BX = AX\left(X + \sqrt{\dfrac{B}{A}}\right)\left(X - \sqrt{\dfrac{B}{A}}\right),$$

因而 $F\left(-\sqrt{\dfrac{B}{A}}\right) = F\left(\sqrt{\dfrac{B}{A}}\right) = 0$. 若 $F(X)$ 单调，则 $F(X)$ 在长度为

$2\sqrt{\dfrac{B}{A}} > 0$ 的闭区间 $\left[-\sqrt{\dfrac{B}{A}}, \sqrt{\dfrac{B}{A}}\right]$ 上恒等于 0，但方程 $F(X) = 0$

至多有三个实数根，故得矛盾，因而 $F(X)$ 不单调.

推论 1　三次函数 (1)（图 2.5.1）在 $(-\infty, +\infty)$ 上单调的充要
条件是

$$b^2 - 3ac \leqslant 0. \qquad (6)$$

证明　由 $AB = a \cdot \dfrac{b^2 - 3ac}{3a} = \dfrac{1}{3}(b^2 - 3ac)$ 及命题 2 立得.

推论 2　若 $b^2 - 3ac \leqslant 0$，则对任意的 d，方程 $ax^3 + bx^2 + cx + d = 0$ 有且仅有一个实数根（此处重根不重复计算）.

下面讨论极值，由于在单调情形下三次函数无极值可言，故我们
假定 $AB > 0$，即 A, B 均不为 0 且同号，为确定起见，不妨设 A, B 均
大于 0.

命题 3　对于三次函数 (4)，设 $A>0, B>0$，则：

当 $X = -\sqrt{\dfrac{B}{3A}}$ 时，Y 有极大值 $Y_{\max} = \dfrac{2B}{3}\sqrt{\dfrac{B}{3A}}$；

当 $X = \sqrt{\dfrac{B}{3A}}$ 时，Y 有极小值 $Y_{\min} = -\dfrac{2B}{3}\sqrt{\dfrac{B}{3A}}$.

证明　为便于讨论极值，先将式 (4) 写成

$$AX^3 - BX = A(X + m)^2(X + n) + M$$

的形式.展开右边并比较两边的系数,得

$$AX^3 - BX$$
$$= AX^3 + (2m + n)AX^2 + (m^2 + 2mn)AX + (M + m^2 nA),$$

$$\begin{cases} 2m + n = 0 \\ m^2 + 2mn = -\dfrac{B}{A}, \\ M + m^2 nA = 0 \end{cases}$$

解得

$$m = \sqrt{\frac{B}{3A}}, \quad n = -2\sqrt{\frac{B}{3A}}, \quad M = \frac{2B}{3}\sqrt{\frac{B}{3A}},$$

代入后式(4)化为

$$F(X) = A\left(X + \sqrt{\frac{B}{3A}}\right)^2\left(X - 2\sqrt{\frac{B}{3A}}\right) + \frac{2B}{3}\sqrt{\frac{B}{3A}}. \quad (7)$$

当 $X<0$ 时,$A\left(X + \sqrt{\dfrac{B}{3A}}\right)^2\left(X - 2\sqrt{\dfrac{B}{3A}}\right) \leqslant 0$,故 Y 的极大值为

$$Y_{\max} = F\left(-2\sqrt{\frac{B}{3A}}\right) = \frac{2B}{3}\sqrt{\frac{B}{3A}}.$$

由中心对称性可知 Y 的极小值为

$$Y_{\min} = F\left(2\sqrt{\frac{B}{3A}}\right) = -\frac{2B}{3}\sqrt{\frac{B}{3A}}.$$

推论 3　当 $A<0, B<0$ 时,对于三次函数(4)有

$$Y_{\min} = F\left(-2\sqrt{\frac{B}{3A}}\right) = \frac{2B}{3}\sqrt{\frac{B}{3A}},$$

$$Y_{\max} = F\left(2\sqrt{\frac{B}{3A}}\right) = -\frac{2B}{3}\sqrt{\frac{B}{3A}}.$$

将关系式(5)用于命题 3 及推论 3,可得如下的推论.

推论 4　对于三次函数(1),设 $b^2 - 3ac>0$,则:

当 $a>0$ 时,有

$$y_{\max} = f\left(-\frac{2\sqrt{b^2-3ac}+b}{3a}\right)$$

$$= \frac{2\left[(b^2-3ac)\sqrt{b^2-3ac}+b^3\right]}{27a^2} - \frac{bc}{3a} + d, \tag{8}$$

$$y_{\min} = f\left(\frac{2\sqrt{b^2-3ac}-b}{3a}\right)$$

$$= -\frac{2\left[(b^2-3ac)\sqrt{b^2-3ac}-b^3\right]}{27a^2} - \frac{bc}{3a} + d. \tag{9}$$

当 $a<0$ 时,有

$$y_{\min} = f\left(-\frac{2\sqrt{b^2-3ac}+b}{3a}\right)$$

$$= -\frac{2\left[(b^2-3ac)\sqrt{b^2-3ac}-b^3\right]}{27a^2} - \frac{bc}{3a} + d, \tag{10}$$

$$y_{\max} = f\left(\frac{2\sqrt{b^2-3ac}-b}{3a}\right)$$

$$= \frac{2\left[(b^2-3ac)\sqrt{b^2-3ac}+b^3\right]}{27a^2} - \frac{bc}{3a} + d. \tag{11}$$

至此,我们已经给出三次函数的完整的刻画:三次函数分单调与非单调两类,每类各有两种类型,共四种类型;与此相应,作为三次函数的图像,三次抛物线也有四种类型(如图 2.5.2 所示):

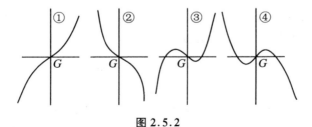

图 2.5.2

(1) 当自变量增加时,函数单调增加;对应的曲线从左到右单调上升.

(2) 当自变量增加时,函数单调减少;对应的曲线从左到右单调下降.

(3) 当自变量增加时,函数单调增加,达到极大值后单调减少,然后达到极小值再单调增加;对应的曲线从左到右单调上升,然后单调下降通过对称中心,再单调上升.

(4) 当自变量增加时,函数单调减少,达到极小值后单调增加,然后达到极大值再单调减少;对应的曲线从左到右单调下降,然后单调上升通过对称中心,再单调下降.

应当指出,上面对于四种三次抛物线的描述是相对于我们所建立的坐标系而言的,而作为曲线,它们可以处在平面上的任何位置而不改变其形状,中心对称则是四类三次抛物线的共有的性质.

2.5.3　实系数三次方程的定性讨论

作为上面建立的三次函数理论的应用,我们讨论实系数三次方程.

设实系数三次方程为

$$f(x) = 0, \tag{12}$$

其中 $f(x)$ 由式(1)给出.

我们看到,作为函数图像的三次抛物线是展布在整个纵轴两侧的中心对称曲线,故与横轴 $y = 0$ 恒有交点,方程恒有一个实根 x_0,而方程可写成

$$f(x) = (x - x_0)g(x) = 0$$

的形式,其中 $g(x) = 0$ 是实系数一元二次方程,有两个实根或一对共轭虚根,所以实系数三次方程至少有一个实根,且其根或者全为实数,或者仅有一根为实数而另两根为一对共轭虚数.下面的命题

4 给出区分这两种情形的判据.

命题 4　方程(4)的根全部为实数的充分必要条件为

$$| 2b^3 - 9abc + 27a^2d | \leqslant 2(b^2 - 3ac)\sqrt{b^2 - 3ac}. \quad (13)$$

详言之.

当且仅当 $| 2b^3 - 9abc + 27a^2d | < 2(b^2 - 3ac)\sqrt{b^2 - 3ac}$ 时，方程(12)有三个不相同的实根；

当且仅当 $| 2b^3 - 9abc + 27a^2d | = 2(b^2 - 3ac)\sqrt{b^2 - 3ac} > 0$ 时，方程(12)有一个实的单根及一个实的二重根；

当且仅当 $| 2b^3 - 9abc + 27a^2d | = 2(b^2 - 3ac)\sqrt{b^2 - 3ac} = 0$ 时，方程(12)有一个实的三重根.

证明　三次函数的实根对应于其图像与横轴的交点，实根的个数即三次函数的图像与横轴的交点的个数.

当 $b^2 - 3ac > 0$ 时，函数 $y = f(x)$ 有极值存在，且 $y_{min} < y_{max}$.这时，方程(12)的根全为实数，当且仅当

$$y_{min} \leqslant 0, \quad y_{max} \geqslant 0,$$

即

$$\begin{cases} \dfrac{-2[(b^2 - 3ac)\sqrt{b^2 - 3ac} - b^3]}{27a^2} - \dfrac{bc}{3a} + d \leqslant 0, \\[3mm] \dfrac{2[(b^2 - 3ac)\sqrt{b^2 - 3ac} + b^3]}{27a^2} - \dfrac{bc}{3a} + d \geqslant 0, \end{cases} \quad (14)$$

此即

$$-2(b^2 - 3ac)\sqrt{b^2 - 3ac} \leqslant 2b^3 - 9abc + 27a^2d$$
$$\leqslant 2(b^2 - 3ac)\sqrt{b^2 - 3ac},$$

由此推出式(13)成立；又容易知道：

如图 2.5.3(a)所示，方程(12)有三个不同的实数根，当且仅当

$y_{\min}<0<y_{\max}$，即

$$|\,2b^3-9abc+27a^2d\,|<2(b^2-3ac)\sqrt{b^2-3ac}\,;$$

如图 2.5.3(b)所示，方程(12)有一个实的单根及一个实的二重根，当且仅当 $y_{\min}=0<y_{\max}$ 或 $y_{\min}<y_{\max}=0$，即

$$-2(b^2-3ac)\sqrt{b^2-3ac}=2b^3-9abc+27a^2d$$
$$<2(b^2-3ac)\sqrt{b^2-3ac}$$

或

$$-2(b^2-3ac)\sqrt{b^2-3ac}<2b^3-9abc+27a^2d$$
$$=2(b^2-3ac)\sqrt{b^2-3ac}\,,$$

合并为

$$|\,2b^3-9abc+27a^2d\,|=2(b^2-3ac)\sqrt{b^2-3ac}>0.$$

当 $b^2-3ac\leqslant0$ 时，由命题 2、推论 2，方程(12)只有一个实根.

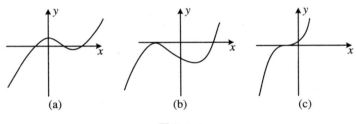

图 2.5.3

如图 2.5.3(c)所示，当 $|2b^3-9abc+27a^2d|=2(b^2-3ac)\cdot$

$\sqrt{b^2-3ac}=0$，即

$$\begin{cases} b^2-3ac=0 \\ \dfrac{2b^3}{27a^2}-\dfrac{bc}{3a}+d=0 \end{cases} \tag{15}$$

时，由式(2)可知，方程(12)可化为

$$a\left(x - \frac{b}{3a}\right)^3 = 0,$$

故 $x = \frac{b}{3a}$ 为方程(12)的实的三重根.

当方程(12)有三重根时,则可以写成

$$a(x + u)^3 = 0,$$

即 $ax^3 + 3aux^2 + 3au^2x + au^3 = 0$,与式(10)比较,得

$$b = 3au, \quad c = 3au^2, \quad d = au^3,$$

此时,可以验证式(13)成立,因而有

$$|2b^3 - 9abc + 27a^2d| = 2(b^2 - 3ac)\sqrt{b^2 - 3ac} = 0.$$

综上所述,命题得证.

至于三次方程的一般解法,已经有著名的卡当公式,我们不予讨论.

2.5.4　作为图像的三次抛物线的几何性质

命题 5　若三次曲线 $y = f(x)$ 与横轴交于 $(x_i, 0)(i = 1, 2, 3)$ 三点,则过 x_k 作曲线的切线时,切点为 $T\left(\frac{1}{2}(x_i + x_j), f\left(\frac{1}{2}(x_i + x_j)\right)\right)$,此处 (i, j, k) 是 $(1, 2, 3)$ 的一个排列.

证明　依条件可设曲线的方程为

$$y = f(x) = a(x - x_1)(x - x_2)(x - x_3),$$

又过点 $(x_k, 0)$ 的直线方程为

$$y = m(x - x_k),$$

它们的交点的横坐标满足方程

$$a(x - x_i)(x - x_j)(x - x_k) = m(x - x_k),$$

除 $x = x_k$ 外,其余两交点的横坐标满足

$$a(x - x_i)(x - x_j) = m,$$

即

$$x^2 - (x_i + x_j)x + \left(x_i x_j - \frac{m}{a}\right) = 0.$$

当直线为切线时,此方程的两根相等,且均为

$$x = \frac{1}{2}(x_i + x_j),$$

故切点为 $T\left(\frac{1}{2}(x_i + x_j), f\left(\frac{1}{2}(x_i + x_j)\right)\right)$.

命题 5 的几何意义是,若三次抛物线与横轴有三个交点,则过其中的任意一个交点作曲线的切线时,切点即为另两个交点连线的中垂线与曲线的交点.

命题 6 若三次方程有一个实根 u 及一对共轭虚根 $p \pm q\mathrm{i}$,则过点 $(u, 0)$ 作曲线的切线时,切点为 $T(p, f(p))$.

证明 由条件可设

$$f(x) = a(x - u)(x - p + q\mathrm{i})(x - p - q\mathrm{i}),$$

亦即

$$f(x) = a(x - u)(x^2 - 2px + p^2 + q^2),$$

又过点 $(u, 0)$ 的直线方程可设为

$$y = m(x - u),$$

曲线与直线的交点的横坐标满足方程

$$a(x - u)(x^2 - 2px + p^2 + q^2) = m(x - u).$$

除 $x = u$ 外,其余两交点的横坐标满足

$$x^2 - 2px + \left(p^2 + q^2 - \frac{m}{a}\right) = 0.$$

当直线为切线时,此方程的两根相等,且均为 $x = p$,故切点为 $T(p, f(p))$.

命题 6 的意义在于,当三次方程仅有一个单的实根时,若过曲线与横轴的交点作曲线的切线,则切点的横坐标恰等于方程的一对共轭虚根的实部.所以,命题 6 揭示了三次方程的共轭虚根的实部的几何意义.

自然我们还希望知道三次方程的共轭虚根的几何意义,这并不难得出.

首先,由方程有重根可得

$$\Delta = 4\left[p^2 - \left(p^2 + q^2 - \frac{m}{a} \right) \right] = 0,$$

由此解出 $m = aq^2$,故切线的方程为

$$y = aq^2(x - u).$$

在横轴上取点 $M(u+1,0)$,作直线 $x = u + 1$ 与切线相交于点 N,则交点 N 的纵坐标为

$$MN = aq^2((u + 1) - u) = aq^2.$$

在图 2.5.4 上我们表示出了 p 与 aq^2,由此图,我们不难设计出求三次方程的共轭虚根的图像解法.

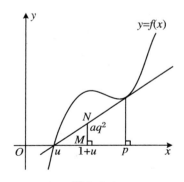

图 2.5.4

2.6　对数螺线与一个数学趣题

2.6.1　一个数学趣题

有这样一个数学趣味问题：

"在正方形的四个顶点处各有一只狗，它们奔跑的速度的大小相同. 现在一声令下，它们同时出发，依逆时针方向沿正方形的边起跑，起跑后每只狗直追它前面的一只狗，求每只狗跑出的路线."

我们将狗看成质点，狗跑出的路线为曲线. 由对称性，每只狗跑出同样的曲线（仅位置不同）；并且，从直观上看，这些曲线应当越来越接近正方形的中心.

下面我们用微积分法求这条曲线，它就是前面我们已经讨论过的对数螺线.

2.6.2　曲线的方程

如图 2.6.1 所示，设正方形的边长为 1，以正方形的顶点 A 为原点，一组邻边 AB，AD 所在的直线为坐标轴，建立直角坐标系.

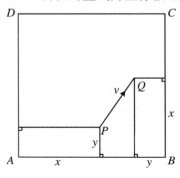

图 2.6.1

从起跑开始计时,设在时刻 t 时,从 A, B 起跑的两只狗分别到达点 P 和点 Q. 设点 P 的坐标为 $P(x,y)$,则由对称性,点 Q 的坐标为 $Q(1-y,x)$. 依题意,在点 P 的狗速度沿 PQ 方向,根据导数的几何意义,曲线上点 P 的导数即等于 PQ 的斜率,于是得到下面的方程:

$$\frac{\mathrm{d}y}{\mathrm{d}x} = \frac{x-y}{1-(x+y)}. \tag{1}$$

我们来解方程(1). 作坐标平移,使原点移动到正方形的中心 O,有

$$x = u + \frac{1}{2}, \quad y = v + \frac{1}{2}, \tag{2}$$

则

$$\frac{\mathrm{d}y}{\mathrm{d}x} = \frac{\mathrm{d}v}{\mathrm{d}u}, \quad x-y = u-v, \quad 1-(x+y) = -(u+v).$$

由方程(1)得

$$\frac{\mathrm{d}v}{\mathrm{d}u} = \frac{\mathrm{d}y}{\mathrm{d}x} = \frac{v-u}{v+u}, \tag{3}$$

以原点 O 为极点,横轴为极轴,转换为极坐标,有

$$u = r\cos\theta, \quad v = r\sin\theta, \tag{4}$$

则

$$\frac{\mathrm{d}v}{\mathrm{d}u} = \frac{r'\sin\theta + r\cos\theta}{r'\cos\theta - r\sin\theta}$$

$$\frac{v-u}{v+u} = \frac{r\sin\theta - r\cos\theta}{r\cos\theta + r\sin\theta} = \frac{\sin\theta - \cos\theta}{\cos\theta + \sin\theta},$$

因而

$$\frac{r'\sin\theta + r\cos\theta}{r'\cos\theta - r\sin\theta} = \frac{\sin\theta - \cos\theta}{\cos\theta + \sin\theta}.$$

由此可得

$$\frac{r'}{r} = -1,$$

积分得

$$\ln r = -\theta + c, \quad r = e^{-\theta + c}.$$

由初始条件,当 $\theta = -\frac{3}{4}\pi$ 时,$r = \frac{\sqrt{2}}{2}$,故 $c = \frac{\sqrt{2}}{2}e^{-\frac{3}{4}\pi}$,代入得方程

$$r = \frac{\sqrt{2}}{2}e^{-\left(\theta + \frac{3}{4}\pi\right)}. \tag{5}$$

所以,每只狗所跑的曲线都是对数螺线,式(5)是在以正方形中心 O 为极点,过 O 点且与 AB 平行的射线为极轴的极坐标系下曲线的方程.

2.7　摆线与最速下降问题

2.7.1　问题的提出

设在铅直平面内有不同高度的两点 A,B,一质点在重力的作用下以零初速从 A 点滑向 B 点.如果质点从 A 到 B 滑行时所沿的路径不同,则其到达 B 点所需的时间也不相同.现在要从连接 A,B 两点的所有可能的路径中找出一条路径(曲线),使质点沿着这条路径滑行时,从 A 到 B 所需的时间最短.这个著名的问题称为"最速下降问题"(亦称"捷线问题");问题的解即符合要求的曲线称为"最速降线"或"捷线".

本节我们求解这个问题,我们即将看到,所求的捷线就是我们已经熟知的摆线.也就是说,最速下降问题给出了摆线的一项特征性质.

2.7.2　一条引理

最速下降问题可用变分法求解,是变分法的典型例题.但我们将用一般的微积分法求解这个问题,为此,我们需要有所准备.

设 A,B 两点分别在直线 HK 的两侧,质点从 A 出发通过 HK 到达 B.在 HK 两侧质点都沿直线运动,其运动速度的大小分别为常数 u 和 v,仅在通过 HK 时质点可以改变运动的方向.以 α,β 分别表示质点通过 HK 时的"入射角"和"折射角"(即质点到达 HK 和离开 HK 时,其运动方向与 HK 的法线方向之间的夹角).

引理　当条件

$$\sin\alpha : \sin\beta = u : v \tag{1}$$

成立时,质点由 A 到 B 所需时间最短.

证明　如图 2.7.1 所示,设 ACB 是满足条件(1)的路径,则

$$\angle ACP = \alpha, \quad \angle BCQ = \beta.$$

而 AFB 为另外的任一条路径.过点 F 作 $FD\perp AC$,$FE\perp BC$,则

$$\angle CFD = \alpha, \quad \angle CFE = \beta,$$

且

$$\frac{CD}{CE} = \frac{\dfrac{CD}{CF}}{\dfrac{CE}{CF}} = \frac{\sin\alpha}{\sin\beta} = \frac{u}{v},$$

故

$$\frac{CD}{u} = \frac{CE}{v}.$$

又易见 $AD<AF$,$EB<FB$,从而

$$\frac{AC}{u} + \frac{CB}{v} = \frac{AD+DC}{u} + \frac{CB}{v} = \frac{AD}{u} + \frac{EC}{v} + \frac{CB}{v}$$

$$= \frac{AD}{u} + \frac{EB}{v} < \frac{AF}{u} + \frac{FB}{v}.$$

故质点走过 *ACB* 的时间小于质点走过 *AFB* 的时间,即质点沿 *ACB* 从 *A* 到 *B* 所需的时间最短.

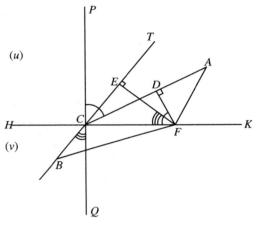

图 2.7.1

2.7.3　捷线的性质

设曲线 *AB* 为从 *A* 到 *B* 的捷线.试将 *AB* 用一组彼此相距很近的水平线 $l_1, l_2, \cdots, l_n$ 截割成若干小段,在每一小段上质点的速度的大小可视为常量,顺次记为 $u_1, u_2, \cdots, u_n$,而速度的方向近似地视为每小段弧所夹的弦的方向.记质点通过直线 l_i 的入射角和反射角分别为 α_i, α_{i+1}(图 2.7.2),由于直线 l_i 与 l_{i+1} 平行,故可知 α_{i+1} 就是质点进入直线 l_{i+1} 时的入射角.当 *AB* 为捷线时,由引理可知质点通过 l_1 时应满足条件

$$\frac{u_1}{\sin \alpha_1} = \frac{u_2}{\sin \alpha_2}.$$

对每条水平线作这样的讨论,可得

$$\frac{u_1}{\sin \alpha_1} = \frac{u_2}{\sin \alpha_2} = \cdots = \frac{u_n}{\sin \alpha_n}.$$

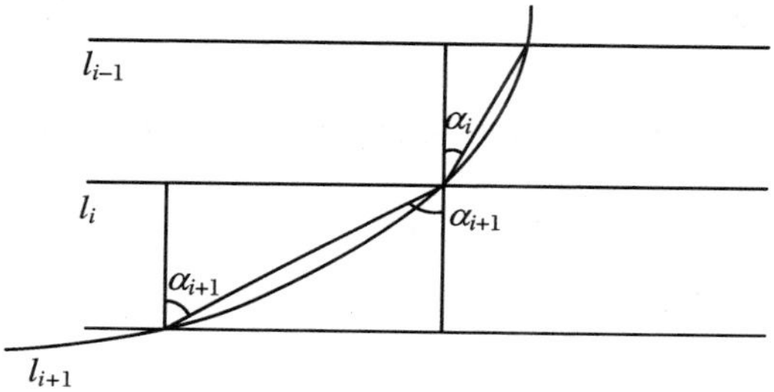

图 2.7.2

让 $n \to \infty$ 且使相邻水平线之间的距离趋于 0,以 u 记质点通过 AB 的一点的速度的大小,以 α 记速度的方向(即曲线在这一点的切线方向)与铅直方向的夹角,则 $\frac{u}{\sin \alpha}$ 为常数. 我们得到捷线的下述性质:

命题 质点通过捷线上每一点的速度的大小与这点的切线方向和铅直方向的夹角的正弦之比等于常数,即

$$\frac{u}{\sin \alpha} = 常数. \tag{2}$$

2.7.4 捷线问题的解

在 A,B 所在的铅直平面内以通过 B 点的水平线为横轴建立坐标系,利用命题所述的捷线的性质建立捷线所满足的微分方程,便可求出捷线的方程.

记点 A 的坐标为 $A(x_0, y_0)$,设 $M(x, y)$ 为捷线上的任一点. 质量为 m 的质点通过 M 时的速度的大小记为 u(图 2.7.3),则由能的转换,可得

$$\frac{1}{2}mu^2 = mg(y_0 - y),$$

故

$$u = \sqrt{2g(y_0 - y)},$$

其中 g 为重力加速度. u 的方向为捷线在点 M 处的切线方向,记切线的倾斜角为 φ,则 u 与铅直方向的夹角 $\alpha = \frac{\pi}{2} - \varphi$. 由导数的几何意义 $y' = \tan \varphi$,可得

$$\sin \alpha = \cos \varphi = \frac{1}{\sqrt{1 + \tan^2 \varphi}} = \frac{1}{\sqrt{1 + y'^2}}.$$

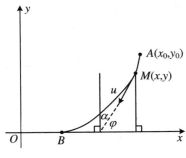

图 2.7.3

由前面的命题可得方程

$$\frac{\sqrt{2g(y_0 - y)}}{\dfrac{1}{\sqrt{1 + y'^2}}} = c',$$

即

$$(y_0 - y)(1 + y'^2) = c, \qquad\qquad (3)$$

此处 c', c 均为常数.

下面来解方程(3).

令 $z = y_0 - y$,则 $y' = -z'$,代入式(3)得

$$z(1 + z'^2) = c,$$

故

$$1 + z'^2 = \frac{c}{z}, \quad z'^2 = \frac{c - z}{z}, \quad z' = \sqrt{\frac{c - z}{z}},$$

即

$$\frac{\sqrt{z}\,\mathrm{d}z}{\sqrt{c - z}} = \mathrm{d}x.$$

令 $z = v^2$,则 $\mathrm{d}z = 2v\,\mathrm{d}v$,代入上式得

$$\frac{2v^2\,\mathrm{d}v}{\sqrt{c_1^2 - v^2}} = \mathrm{d}x \quad (c_1^2 = c).$$

再令 $v = c_1\sin t$,则 $\mathrm{d}v = c_1\cos t\,\mathrm{d}t$,代入可得

$$\frac{2c_1^2\sin^2 t \cdot c_1\cos t\,\mathrm{d}t}{c_1\cos t} = \mathrm{d}x,$$

即

$$2c_1^2\sin^2 t\,\mathrm{d}t = \mathrm{d}x,$$

积分,得

$$x = 2c_1^2\int\sin^2 t\,\mathrm{d}t = c_1^2\int(1 - \cos 2t)\,\mathrm{d}t$$

$$= c_1^2\left(t - \frac{1}{2}\sin 2t\right) + k = \frac{1}{2}c_1^2(2t - \sin 2t) + k,$$

$$y = y_0 - z = y_0 - c_1^2\sin^2 t = \left(y_0 - \frac{1}{2}c_1^2\right) + \frac{1}{2}c_1^2\cos 2t.$$

从而捷线的参数方程为

$$x = \frac{1}{2}c_1^2(2t - \sin 2t) + k,$$

$$y = \left(y_0 - \frac{1}{2}c_1^2\right) + \frac{1}{2}c_1^2\cos 2t.$$

令 $\dfrac{1}{2}c_1^2 = a$，$2t = \theta$，则上述方程化为

$$x = a(\theta - \sin\theta) + k,$$
$$y = (y_0 - a) + a\cos\theta,$$

(4)

将 A，B 的坐标代入方程(4)即可定出其中的未知常数 a 和 k.

再作代换 $\bar{x} = x - k$，$\bar{y} = y_0 - y$，则式(4)化为

$$\bar{x} = a(\theta - \sin\theta),$$
$$\bar{y} = a(1 - \cos\theta).$$

这就是已知的摆线方程.

于是我们得到：从 A 到 B 的捷线是通过 A，B 两点的一条摆线.

2.8　一个悖论的揭秘

2.8.1　一个悖论

一个轮子(圆)无滑动地在一根笔直的轨道(直线)上滚动，当轮子旋转一周时，人们大都认为轨道被轮子碾过的部分的长度(亦即轮子前进的距离)恰等于轮子的周长，于是有了下面的悖论：

"如图 2.8.1 所示，将半径不同的两个轮子固定在同一轴上，并且安置两根笔直的轨道供大小两个轮子在其上滚动. 当大轮在下面的轨道上无滑动地旋转一周时，大轮在轨道上碾过距离 AB；这时，小轮也在上面的轨道上旋转一周且在轨道上碾过距离 CD. AB，CD 分别等于大轮、小轮的周长，但 $AB = CD$，所以，半径不同的大小两圆其周长相等！"

对上面的悖论我们见到的一种解释是:小轮在其轨道上的运动不是无滑动的滚动而是兼有滑动,所以 CD 是小轮的滑动和滚动共同完成的距离,它大于小轮的周长,因而悖论不能成立.

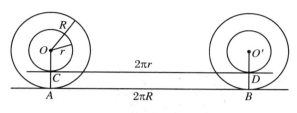

$$2\pi r$$
$$2\pi R$$

图 2.8.1

按这种解释,小轮在其轨道上既有滚动又有滑动,那么小轮的圆周上的点不是"碾"过轨道,而是"擦"过轨道;另一方面,因为大圆在其轨道上不停地滚动,带动小圆不停地旋转,所以小圆上的点不可能在其轨道上"停留",因而小圆上的点只能是"碾"过轨道而不能是"擦"过轨道.

这说明上面的这种解释是行不通的:我们有必要研究小圆在轨道上的运动机制,刻画小圆上的点的运动的性状.

2.8.2　小圆上的点的运动轨迹

揭开悖论的秘密的最有效而令人信服的方法应当是借助于数学:用数学方法求出小圆的圆周上每点的运动轨迹(曲线).

设大圆的半径为 1,则其周长为 2π;设大圆绕圆心旋转的角速度为 1,则在时刻 t 时,此圆旋转转过的弧度为 t,其转过的弧长亦为 t,故圆心沿轨道运动的速度为 1.小圆与大圆为固定在一起的同心圆,设小圆的半径为 $r < 1$.设运动开始时大圆与其轨道相切于点 A,以 A 为原点,大圆轨道为横轴建立直角坐标系,如图 2.8.2 所示.显然同心圆的圆心在纵轴上,而小圆与其轨道相

切于点 B.

考察小圆的圆周上的一点 P：$\angle BOP = \theta$. 我们来建立点 P 运动的轨迹方程.

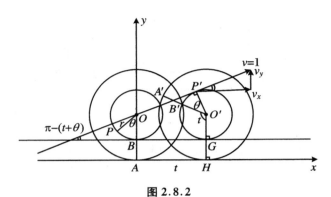

图 2.8.2

点 P 同时参加了两项运动：

（1）在大圆的带动下沿轨道平动.

（2）绕圆心 O 转动,角速度为 1；但小圆的半径为 r,故线速度为 r,且沿小圆的切线方向.

从图 2.8.2 中可以看出,在时刻 t,大圆旋转（即大轮滚动）t 弧度,圆心 O 前进到 O',而大圆与轨道相切于点 H,原切点 A 到达 A'.这时,小圆与其轨道相切于点 G,原切点 B 到达 B',而点 P 到达 P'.

容易知道

$$\angle HO'A' = t, \quad \angle A'O'P' = \theta,$$
$$OO' = AH = BG = \overset{\frown}{HA'} = t, \tag{1}$$

点 P' 绕 O' 转动的线速度为 r,且沿半径 $O'P'$ 的垂线方向,其在水平方向、竖直方向的分量分别为

$$v_x = r\cos\left[\pi - (t + \theta)\right] = -r\cos(t + \theta),$$
$$v_y = r\sin\left[\pi - (t + \theta)\right] = r\sin(t + \theta), \tag{2}$$

于是在时刻 t 点 P 运动的速度的分量为

$$\frac{\mathrm{d}x}{\mathrm{d}t} = 1 - r\cos(t + \theta),$$
$$\frac{\mathrm{d}y}{\mathrm{d}t} = r\sin(t + \theta). \tag{3}$$

当 $t = 0$ 时，点 P 的坐标为

$$x_0 = -r\sin\theta,$$
$$y_0 = 1 - r\cos\theta. \tag{4}$$

解微分方程(3)，得

$$x = t - r\sin(\theta + t) + c_1,$$
$$y = -r\cos(\theta + t) + c_2, \tag{5}$$

代入初始条件(4)，得

$$-r\sin\theta = -r\sin\theta + c_1, \quad c_1 = 0,$$
$$1 - r\cos\theta = -r\cos\theta + c_2, \quad c_2 = 1, \tag{6}$$

故求得点 P 的轨迹方程为

$$x = t - r\sin(\theta + t),$$
$$y = 1 - r\cos(\theta + t). \tag{7}$$

当 $y = 1 - r$ 时，有

$$1 - r = 1 - r\cos(\theta + t), \quad \cos(\theta + t) = 1, \quad t = 2k\pi - \theta.$$

这时，点 P 落在小圆的轨道上.

2.8.3　悖论的揭秘

有 3 点 P 的运动轨迹方程(7)，我们就可以给悖论揭秘.

在式(7)中，当 $\theta = 0$ 时，P 重合于 B，故得 B 的轨迹方程为

$$x = t - r\sin t,$$
$$y = 1 - r\cos t,$$

进一步,当 $r=1$ 时,B 重合于 A,得 A 的轨迹方程为

$$x = t - \sin t,$$
$$y = 1 - \cos t,$$

这恰是基圆半径 $a=1$ 的摆线方程. 与第 1 章中的结果一致(参见 1.1.2 节式(7)).

　　由此可见,当轮子滚动时,点 A 和点 B 沿着各自的轨迹运动, A 的轨迹是摆线.

　　如图 2.8.3 所示,考察在轮子滚动过程中 A,B 两点的横坐标 x_A 和 x_B 的变化. 记它们的横坐标的差为 d:

$$d = x_A - x_B = (t - \sin t) - (t - r\sin t) = (r - 1)\sin t.$$

由于 $r-1$ 为常数,故 d 随 $\sin t$ 而变化.

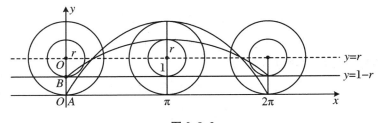

图 2.8.3

　　当 t 从 0 增加到 π 时,$\sin\theta > 0$,故 $x_A > x_B$,即点 A 走在点 B 的前面(在不同的轨道上). 当 t 从 0 变到 $\dfrac{\pi}{2}$ 时,$\sin t$ 变大,故 d 逐渐增大,当 $t = \dfrac{\pi}{2}$ 时达到最大值;然后 d 逐渐减小,当 $t = \pi$ 时,这时 $x_A = x_B = \pi$,故 A,B 又同在运动轨道的同一条垂直线上,这时, A,B 分别到达最高点:

$$y_A = 1 - \cos \pi = 2, \quad y_B = 1 - r\cos \pi = 1 + r.$$

当 t 从 π 增加到 2π 时，$\sin t < 0$，故 $x_A < x_B$，即点 B 走到点 A 的前面. 当 t 从 π 变到 $\dfrac{3\pi}{2}$ 时，$\sin t$ 的绝对值增大，故 α 的绝对值逐渐增大，当 $t = \dfrac{3\pi}{2}$ 时，$|d|$ 取最大值；然后 $|d|$ 逐渐减小，当 $t = 2\pi$ 时，$d = 0$，这时 $x_A = x_B = 2\pi$，而它们的纵坐标为

$$y_A = 1 - \cos 2\pi = 0, \quad y_B = 1 - r\cos 2\pi = 1 - r,$$

故 A，B 同时落到各自的轨道上. 它们在水平方向前进的距离都为 2π.

这说明轮子滚动一周时，小轮子上的点 B 前进的距离不是 $2\pi r$ 而是 $2\pi > 2\pi r (r < 1)$.

当 θ 从 0 变到 2π 时，式(7)给出小轮上各点 P 的运动轨迹方程. 在式(7)中，当 $t = 2k\pi - \theta$（k 为正整数）时，点 P 的纵坐标为

$$y_P = 1 - r\cos [\theta + (2k\pi - \theta)] = 1 - r,$$

故点 P 落在小圆的轨道上. 而相邻两次落在轨道上的点之间的距离为

$$
\begin{aligned}
x_{R+1} &- x_R \\
&= \{(2k + 1)\pi - \theta - r\sin [\theta + (2k + 1)\pi] - \theta\} \\
&\quad - [2k\pi - \theta - r\sin (\theta + 2k\pi) - \theta] \\
&= 2\pi.
\end{aligned}
$$

以上分析说明，小轮被大轮"拉"着在小轮的轨道上前进，小轮上的点顺次"碾"过其轨道上的各点，即小圆圆周上的点与长度为 2π 的一段轨道(注意：这段轨道的长度 2π 大于小轮的周长 $2\pi r$！)上的点之间是一一对应的关系，所以不存在滑动.

在这里我们看到长度不同的两条线的点之间可以建立起一一对应的关系，初看起来似乎有些荒谬，其实不难理解，图 2.8.2 中

的线段 AB 与 $A'B'$ 并不相等,但用图中所示的方法可以建立起线段 AB 的点 M 与线段 $A'B'$ 的点 M' 之间的一一对应的关系.

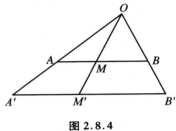

图 2.8.4

3　曲线族及其包络

3.1　曲线族及其表示

3.1.1　曲线族

具有某种相同性质或按同一方式确定的一族曲线称为曲线族,如通过同一点的一束直线,斜率相同的一族平行线,通过某个定点的所有的圆,通过某两个定点的所有的圆,圆心在同一点的一族同心圆,⋯⋯曲线族是曲线的集合,其中可以有无限多条曲线,这些曲线可以填满某个平面区域甚至填满全平面.

我们再举几个曲线族的例子.

(1) 圆心在定直线 l 上,半径为定长 r 的圆组成圆族 C_1(图 3.1.1).当固定 l 上的一点 A 为圆心时,我们得到 C_1 中的一个圆.C_1 中所有的圆填满由与 l 相距 r 的两条平行线 l_1, l_2 所夹的条形区域.

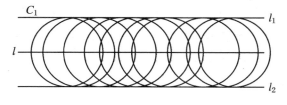

图 3.1.1

(2) 设圆 c 是圆心在点 O,半径为 R 的定圆.圆心在 c 上半径

为 $r(r < R)$ 的圆的全体组成圆族 C_2（图 3.1.2）. 当固定 c 上的一点 A 为圆心时，我们得到 C_2 中的一个圆. C_2 中所有的圆填满以点 O 为圆心，半径分别为 $R-r$，$R+r$ 的两个同心圆 c_1，c_2 所夹的环形区域.

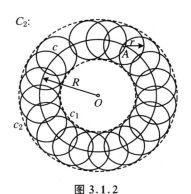

图 3.1.2

此外，曲线族还存在于许多实际问题之中，这将在稍后讨论.

3.1.2　曲线族的表示

我们已经知道，曲线可用方程表示，如果方程中除坐标变量 x，y 以外，再引入一个（或一组）在某个范围取值的参数，那么，当参数在这个范围取一个（一组）确定的值时，我们便得到一条确定的曲线；当参数在此范围变化时，我们便得到一族曲线. 所以，曲线族可用含有参数的方程表示，这时，还需要明确地指出参数的取值范围或参数所满足的限制条件. 由此可知，曲线族的方程的一般形式是

$$F(x,y;t_1,t_2,\cdots,t_m) = 0, \quad (t_1,t_2,\cdots,t_m) \in D, \quad (1)$$

其中 D 表示参数（组）$t_1,t_2,\cdots,t_m$ 的取值范围，它是 m 维空间的点集；或

$$F(x,y;t_1,t_2,\cdots,t_m) = 0, \quad \varphi(t_1,t_2,\cdots,t_m) = 0, \quad (2)$$

其中 $\varphi(t_1, t_2, \cdots, t_m) = 0$ 表示参数(组) $t_1, t_2, \cdots, t_m$ 的限制条件.

1. 单参数表示

当 $m = 1$ 时,式(1)和式(2)为单参数表示.例如:

"通过定点 $M(x_0, y_0)$ 的一束直线"的方程为(图 3.1.3(a))

$$y = k(x - x_0) + y_0 \quad \text{或} \quad kx - y + (y_0 - kx_0) = 0$$
$$(-\infty < k < +\infty).$$

"斜率为常数 k 的一族平行线"的方程为(图 3.1.3(b))

$$y = kx + b \quad \text{或} \quad kx - y + b = 0$$
$$(-\infty < b < +\infty).$$

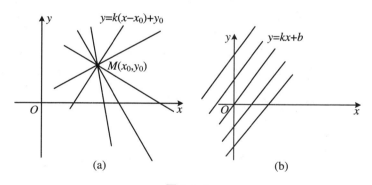

图 3.1.3

为了用单参数方程表示"圆心在定直线 l 上,半径为定长 r 的圆组成圆族 C_1",我们以 l 为横轴,l 上的任意一点为原点建立直角坐标系.设 A 是 l 上的一点,其横坐标为 a,则以点 A 为圆心,r 为半径的圆的方程为 $(x - a)^2 + y^2 = r^2$,而圆族 C_1 的方程为

$$(x - a)^2 + y^2 = r^2 \quad (-\infty < a < +\infty).$$

2. 双参数表示

当 $m = 2$ 时,式(1)和式(2)为双参数表示.

我们用双参数方程表示"圆心在半径为 R 的圆 c 上,半径为 r $(r<R)$ 的圆的全体组成圆族 C_2".以圆 c 的圆心为原点建立直角坐标系,设 $A(\alpha,\beta)$ 是圆 c 上的一点,则点 A 的坐标满足条件

$$\alpha^2 + \beta^2 = R^2. \tag{3}$$

以点 A 为圆心,r 为半径的圆的方程为

$$(x - \alpha)^2 + (y - \beta)^2 = r^2. \tag{4}$$

当点 A 在圆 c 上运动时,α,β 随之变动但应满足式(3),展开式(4)并移项整理,可得 C_2 的方程为

$$x^2 + y^2 - 2\alpha x - 2\beta y + \alpha^2 + \beta^2 - r^2 = 0, \quad \alpha^2 + \beta^2 - R^2 = 0.$$

3.1.3　实际问题中的曲线族

(1) 在 2.1 节中我们讨论了安全抛物线.假设有一门高射炮,炮弹发射时的初速度为常数 v_0,但可以沿任意角度 α 发射.如果不计炮身的高度,不计空气阻力,且视炮弹为质点,则炮弹运行的所有可能的轨道就是抛物线族(当 $\alpha = \dfrac{\pi}{2}$ 时炮弹铅直向上发射,轨道为线段).当发射角固定时,我们得到其中的一条抛物线.这一族抛物线在炮弹运行的铅直平面上充满的部分就是炮弹能够达到的区域,在这个区域之内的飞机有被炮弹击中的危险.

我们已经得到抛物线族的以 α 为参数的单参数方程(见 2.1 节式(3))

$$y = x\tan\alpha - \frac{g}{2v_0^2}(1 + \tan^2\alpha)x^2 \quad (-\pi < \alpha < \pi). \tag{5}$$

也可以用双参数方程表示式(5).设炮弹的初速度 v_0 在水平方向与铅直方向的分量分别为 v_x 和 v_y,则

$$v_x^2 + v_y^2 = v_0^2, \quad \tan\alpha = \frac{v_y}{v_x}.$$

代入式(5)并化简,得

$$y = \frac{v_y}{v_x}x - \frac{gx^2}{2v_x^2}.\tag{6}$$

将式(6)整理得抛物线族的双参数表示

$$gx^2 - 2v_xv_yx + 2v_x^2y = 0, \quad v_x^2 + v_y^2 = v_0^2.\tag{7}$$

(2) 在 2.2 节中我们讨论了可听域. 对于固定的时刻 T, 在此时刻之前的 $t\left(t \geqslant \dfrac{h}{u}\right)$ 秒飞机的发动机发出的声音传到地面时, 到达地面上的一个圆周及其内部, 所有这些圆周组成一族圆. 当 t 固定时我们得到圆族中的一个圆, 所有这些圆填满的平面区域就是可听域.

回到图 2.2.1, 在时刻 t 飞机飞到直线 l 上空的 B 点, B 在 l 上的投影为点 A, 记 $OA = vt = \alpha$. 若以 O 为原点, l 为横轴建立直角坐标系, 则 α 是点 A 的横坐标. 在点 B 飞机发动机发出的声音在地面上的可听域是以点 A 为圆心, $\sqrt{(ut)^2 - h^2}$ 为半径的圆的内部. 沿用 2.1 节中的记号:

$$c = \frac{vh}{u}, \quad t = \frac{\alpha}{v} = \frac{\alpha h}{cu},$$

则

$$\sqrt{(ut)^2 - h^2} = \sqrt{\left(\frac{\alpha h}{c}\right)^2 - h^2} = \sqrt{h^2\left(\frac{\alpha^2}{c^2} - 1\right)},$$

故圆的方程可以写为

$$(x - \alpha)^2 + y^2 = h^2\left(\frac{\alpha^2}{c^2} - 1\right).$$

将此式展开并整理, 得圆族的方程

$$x^2 + y^2 - 2\alpha x + \alpha^2\left(1 - \frac{h^2}{c^2}\right) + h^2 = 0 \quad \left(\alpha \geqslant \frac{vh}{u}\right).$$

3.2　曲线族的包络

3.2.1　曲线的相切

我们已经知道直线与曲线相切的概念:过曲线上一点的切线是曲线过该点的割线的极限位置.如果曲线是某个函数的图像,那么,函数在一点的导数就是曲线在这点的切线的斜率.

我们知道,两圆内切时,在切点处两圆有外公切线;两圆外切时,在切点处两圆有内公切线.一般地,如果在两条曲线的公共点处有它们的公切线,则称两曲线在这点相切,而称这点为切点.

3.2.2　曲线族的包络

如图 3.2.1 所示,考察与定圆 c 相切的所有直线组成的直线族.不妨设定圆为单位圆,在以圆心 O 为原点的直角坐标系中圆的方程为

$$x^2 + y^2 = 1.$$

设 M 为圆上的一点,OM 与横轴的夹角为 α,则点 M 的坐标为 $M(\cos\alpha, \sin\alpha)$,过点 M 的切线的斜率为 $-\cot\alpha$,故切线的方程为

$$y = -\cot\alpha(x - \cos\alpha) + \sin\alpha. \tag{1}$$

展开式(1)并整理,可得此直线族的方程

$$(\cot\alpha)x + y - (\cot\alpha\cos\alpha + \sin\alpha) = 0 \quad (0 \leqslant \alpha \leqslant 2\pi),$$

即

$$(\cot\alpha)x + y - \csc\alpha = 0 \quad (0 \leqslant \alpha \leqslant 2\pi). \tag{2}$$

我们发现定圆 c 与直线族有着十分密切的关系:对于 c 上的每一点,都有直线族中的一条直线与 c 相切.我们称圆 c 是此直线

族的"包络".

　　如图 3.2.2 所示,对于一般的曲线族,我们定义:曲线 C 称为曲线族 S 的包络,如果对于 C 上的每一点,都有 S 中的一条曲线在这点与 C 相切.

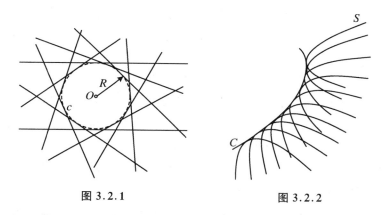

图 3.2.1　　　　　　　　　　图 3.2.2

　　要注意的是:包络 C 纯粹由切点组成,C 上的每一点都是 C 与曲线族中的一条曲线相切的切点.

　　下面再看 3.1 节中的几个例子:

　　圆心在定直线 l 上,半径为定长 r 的圆组成圆族 C_1 的包络是与 l 相距 r 的两条平行线 l_1, l_2;圆族 C_1 填满包络所夹的条形区域,而包络恰是这个条形区域的边界.

　　圆 c 是圆心在点 O,半径为 R 的定圆.圆心在 c 上半径为 $r(r<R)$ 的圆的全体组成圆族 C_2.C_2 的包络是以点 O 为圆心,半径分别为 $R-r, R+r$ 的两个同心圆 c_1, c_2;圆族 C_2 填满包络所夹的环形区域,而包络恰是这个环形区域的边界.

　　此外,在 2.1 节中依各种发射角发射炮弹时弹道组成的抛物线族的包络就是安全抛物线,它是炮弹可以到达的区域的边界;在2.2 节中声音到达地面的圆面的圆周组成的圆族的包络就是一条双曲线的右支,它是可听域的边界.所以,通过求曲线族的包络,提供了求安全抛物线及可听域边界的一种统一的处理方法.

3.2.3　曲线族的包络上的点

设 C 是曲线族的包络.为简单起见,我们假定整个曲线族都在包络的同侧.设 L 是曲线族中的一条曲线,我们求 L 与 C 相切的切点 T, T 是包络上的点.

在 T 的近旁取 C 上的另一点 T', L' 是曲线族中与 C 相切于 T' 的另一条曲线.若 L' 整个落在 L 的同侧,则它或者与包络 C 无公共点(如图 3.2.3 中的 L''),或者与 C 有两个公共点(如图 3.2.3 中的 L'''),但这都是不可能的,因为 L' 与 C 相切. L' 不可能完全落在 L 的同侧,即 L' 必从 L 的一侧穿过 L 到另一侧,这说明 L 与 L' 必有交点 M.

如图 3.2.4 所示, L' 与 L 越接近,则它们的交点 M 就越接近 L 与 C 的切点 T;当 L' 与 L 无限接近时,交点 M 就逼近于 T.这个事实可以表述为:曲线族的包络上的每个点都是所考察的曲线族中的两条"无限接近的曲线"的交点,包络上的点的这个性质在求曲线族的包络时起着决定性的作用.

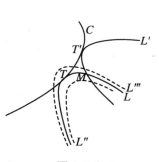

图 3.2.3

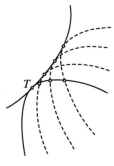

图 3.2.4

3.3 求曲线族的包络

3.3.1 曲线族的判别曲线

首先考察单参数曲线族的包络.

设给定单参数曲线族 $f(x,y,\alpha)=0$. 若 ε 是绝对值很小的正实数,则 α 与 $\alpha+\varepsilon$ 很接近,因而其对应的曲线 L 与 L' 很接近,它们的交点 M 满足方程组

$$(L): f(x,y,\alpha) = 0,$$
$$(L'): f(x,y,\alpha+\varepsilon) = 0,$$

因而满足

$$f(x,y,\alpha) = 0,$$
$$\frac{1}{\varepsilon}[f(x,y,\alpha+\varepsilon) - f(x,y,\alpha)] = 0.$$

仍以 T 表示 L 与曲线族的包络相切的切点,则点 T 在 L 上,因而点 T 满足第一个方程;又当 x,y 保持不变而令 $\varepsilon \to 0$ 时,根据导数的定义,可知第二个方程成为

$$f'_\alpha(x,y,\alpha) = 0.$$

根据前面所述的事实,T 应满足这个方程. 于是我们有下面的定理:

定理1 单参数曲线族 $f(x,y,\alpha)=0$ 的包络上的点满足方程组

$$f(x,y,\alpha) = 0,$$
$$f'_\alpha(x,y,\alpha) = 0,$$

因而满足由其消去 α 后所得的方程.

对于双参数曲线族的包络,我们仅述下面的定理而略去证明:

定理 2　双参数曲线族

$$f(x,y,\alpha,\beta) = 0,$$
$$g(\alpha,\beta) = 0$$

的包络上的点满足方程组

$$f(x,y,\alpha,\beta) = 0,$$
$$g(\alpha,\beta) = 0,$$
$$f'_\alpha g'_\beta - g'_\alpha f'_\beta = 0,$$

因而满足由其消去 α,β 后所得的方程.

　　需要特别指出的是,定理 1、定理 2 所给出的是包络上的点所满足的必要条件,故满足条件的点不一定都是包络上的点. 例如,有的曲线有自交点(如图 3.3.1 所示的伯努利双纽线),而曲线族中各曲线的自交点的轨迹也满足定理中的方程(图 3.3.2). 所以,由定理 1、定理 2 中的方程确定的曲线并不一定是曲线族的包络,我们称之为曲线族的判别曲线. 只有当曲线族中的曲线都不含有如自交点一类的特殊点时,才能由定理 1、定理 2 求出曲线族的包络.

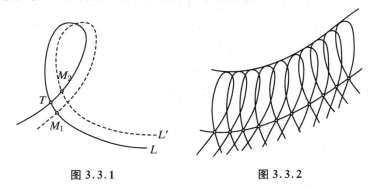

图 3.3.1　　　　　　　　　　　　图 3.3.2

3.3.2　求曲线族的包络的例子

　　例 1　求圆心在定直线 l 上,半径为定长 r 的圆组成圆族的包络.

解 取 l 为横轴,建立直角坐标系,则圆族可表示为

$$f(x,y,a) = (x-a)^2 + y^2 - r^2 = 0 \quad (-\infty < a < +\infty),$$

其中参数 a 是圆心的横坐标.

对 a 求导数,得

$$2(x-a) = 0,$$

解出 $a = x$ 并代入圆族的方程以消去 a,即得

$$y^2 = r^2,$$

因而所求包络为 $y = r$ 及 $y = -r$,它们是与 l 平行且与 l 相距 r 的两条平行线.

例 2 求圆心在半径为 R 的圆 c 上,半径为 $r(r < R)$ 的圆的全体组成的圆族的包络.

解 设圆 c 的方程为

$$x^2 + y^2 = R^2,$$

则圆族可表示为

$$(x-\alpha)^2 + (y-\beta)^2 = r^2, \quad \alpha^2 + \beta^2 = R^2,$$

将其写为

$$f(x,y,\alpha,\beta) = (x-\alpha)^2 + (y-\beta)^2 - r^2 = 0,$$
$$g(\alpha,\beta) = \alpha^2 + \beta^2 - R^2 = 0.$$

依定理 2,先求出

$$f'_\alpha = 2(\alpha-x), \quad f'_\beta = 2(\beta-y), \quad g'_\alpha = 2\alpha, \quad g'_\beta = 2\beta,$$

因而

$$f'_\alpha g'_\beta - g'_\alpha f'_\beta = 4(\alpha-x)\beta - 4(\beta-y)\alpha = 4(\alpha y - \beta x) = 0,$$

即

$$\alpha y = \beta x.$$

与 $\alpha^2 + \beta^2 = R^2$ 联立,可得

$$\alpha^2 x^2 + \beta^2 x^2 = R^2 x^2, \quad \alpha^2 y^2 + \beta^2 y^2 = R^2 y^2.$$

即

$$\alpha^2 x^2 + \alpha^2 y^2 = R^2 x^2, \quad \beta^2 x^2 + \beta^2 y^2 = R^2 y^2.$$

因而有

$$\alpha = \frac{Rx}{\sqrt{x^2 + y^2}}, \quad \beta = \frac{Ry}{\sqrt{x^2 + y^2}},$$

及

$$\alpha x + \beta y = R \sqrt{x^2 + y^2},$$

代入原方程以消去 α, β，得

$$
\begin{aligned}
(x - \alpha)^2 &+ (y - \beta)^2 - r^2 \\
&= x^2 + y^2 + \alpha^2 + \beta^2 - 2(\alpha x + \beta y) - r^2 \\
&= x^2 + y^2 + R^2 - 2R \sqrt{x^2 + y^2} - r^2 \\
&= (\sqrt{x^2 + y^2} - R)^2 - r^2 = 0,
\end{aligned}
$$

由此得

$$x^2 + y^2 = (R + r)^2 \quad 及 \quad x^2 + y^2 = (R - r)^2.$$

这就是所求的包络，它们是圆心在原点，半径分别为 $R + r, R - r$ 的两个同心圆.

3.3.3　利用包络求安全抛物线及可听区域

在第 2 章中我们已经讨论过安全抛物线及超音速飞机的可听区域，如果利用曲线族的包络，那么，求解这两个问题都只需进行一些简单的计算.

安全抛物线其实就是炮弹弹道形成的抛物线族

$$y = x \tan \alpha - \frac{g}{2v_0^2}(1 + \tan^2 \alpha)x^2 \quad (-\pi < \alpha < \pi)$$

的包络. 当 $-\pi < \alpha < \pi$ 时，$-\infty < \tan \alpha < +\infty$. 若令 $\beta = \tan \alpha$，则此

抛物线族可表示为

$$f(x,y,\beta) = y - x\beta + \frac{g}{2v_0^2}(1+\beta^2)x^2 = 0 \quad (-\infty < \beta < +\infty).$$

对 β 求导数,得

$$f'_\beta(x,y,\beta) = -x + \frac{gx^2}{v_0^2}\beta = 0,$$

于是

$$\beta = \frac{v_0^2}{gx},$$

代入抛物线族的方程消去 β,即得安全抛物线方程

$$y = -\frac{g}{2v_0^2}x^2 + \frac{v_0^2}{2g}.$$

超音速飞机的可听区域就是圆族

$$f(x,y,\alpha) = x^2 + y^2 - 2\alpha x + \alpha^2\left(1 - \frac{h^2}{c^2}\right) + h^2 = 0 \quad \left(\alpha \geqslant \frac{vh}{u}\right)$$

的包络所围成的平面区域. 对 α 求导数,得

$$f'_\alpha(x,y,\alpha) = -2x + 2\alpha\left(1 - \frac{h^2}{c^2}\right) = 0,$$

于是

$$\alpha = \frac{c^2 x}{c^2 - h^2},$$

代入圆族的方程消去 α,即得可听区域的边界曲线(双曲线的右支)

$$\frac{x^2}{c^2 - h^2} - \frac{y^2}{h^2} = 1.$$

至此,我们通过求包络轻而易举地得出与 2.1、2.2 节中完全相同的结果.

附录　什么是曲线

在本书中,我们已经熟悉许许多多的曲线和它们的深刻而美妙的性质,但一直都没有回答"什么是曲线"这个最根本的问题,也就是没有给"曲线"这个概念一个确切的定义.我们知道,一个概念的定义是属于这个概念的所有个体(概念的外延)共同具有的用以区别于其他概念的本质属性.

为了给曲线一个确切的定义,一代一代的数学家作出了许多努力.法国数学家若尔当把曲线的参数方程表示一般化,在 19 世纪下半叶给出了曲线的下述定义:

"在平面直角坐标系中,由方程
$$x = \varphi(t), \quad y = \psi(t) \quad (t \in [t_0, T])$$
确定的平面点集称为平面曲线,其中 $\varphi(t)$,$\psi(t)$ 是定义在区间 $[t_0, T]$ 上的连续函数."

根据若尔当的定义,每个 t 对应着曲线上的一个点.如果不同的 t 对应着曲线上的同一点,则称这个点为曲线的"重点",无重点的曲线称为简单曲线.

符合若尔当定义的曲线称为若尔当曲线,我们讨论过的能够用参数方程表示的许多曲线(如圆、椭圆、抛物线、双曲线等)都是若尔当曲线.但后来,意大利数学家皮亚诺构造一条合乎若尔当定义的曲线,它竟然填满了一个正方形,这显然不是我们在常识意义下所理解的曲线.这个例子说明若尔当的曲线定义并不恰当,它失之过宽:无端地将正方形也算为"曲线"! 事实上,若尔当的定义本质上还是一个"生成定义"，它只是指出了生成曲线的一类可能的方法．

为了给"曲线"下定义，就应该概括出形形色色的具体的曲线都具有的共同的性质．根据逻辑学，要给一个概念下定义，应该指出这个概念所属的"类概念"及它与这个类概念的全体"种概念"之间的"种差"．

首先，我们考察"曲线"概念所属的类概念，这个问题容易解决．我们知道，曲线可以作为平面上合乎某种条件的点的轨迹，也可以作为质点在平面上运动的轨道（质点运动所经过的位置），所以，我们有理由认为曲线是平面上的点集，或者说"曲线"概念所属的类概念是"平面点集"．

其次，显然不是所有的平面点集都是平面曲线，那么，曲线作为一类特殊的平面点集，它与其他的平面点集的本质差别是什么？也就是说，"曲线"在"平面点集"这个类概念中相对于其他平面点集的"种差"应如何界定？为此，我们来直观地"描述"一下我们所理解的常识意义下的曲线．显然，我们看到的曲线应当是一条"绵延不断的、紧密的、没有宽度的细线"．所谓"紧密"是指"没有空隙"，例如，实数轴是直线，但若从实数轴上取走所有的无理数，则余下的部分何止"百孔千疮"，因而不是"紧密"的了．

现在的问题是，如何将这种直观的描述转化为精确而严格的数学的规定．曲线既然是平面点集，而研究点集的数学分支是"一般拓扑学"，所以用点集定义曲线离不开一般拓扑学的语言和概念．

邻域是一般拓扑学的基本概念．对于平面点集，设 $\delta > 0$ 是任意小的正数，点 P 的 δ-邻域 $N(P,\delta)$ 是指到 P 的距离小于 δ 的所有的点组成的集合，若以 $d(x,P)$ 表示点 x,P 之间的距离，则

$$N(P,\delta) = \{x : d(x,P) < \delta\}.$$

利用邻域可以定义"聚点"和"内点"的概念：如果 P 的任意邻域中都有 E 的无穷多个点，则点 P 称为平面点集 E 的聚点；如果存在 P 的邻域 $N(P,\delta)$ 包含于 E：$N(P,\delta) \subset E$，则点 P 称为平面点集 E 的内点.

利用这些"术语"（概念），德国数学家康托尔将曲线定义为具有下列性质的平面点集 C.

（1）C 是"连通"的：将 C 任意划分为两部分时，其中必有一部分含有另一部分的聚点；

（2）C 是"紧致"的：C 的任意无穷子集都有属于 C 的聚点；

（3）C 无内点.

这三项性质分别保证了曲线 C 是连续（即绵延不断）的、紧密（即没有空隙）的、没有宽度的细线.

可以证明，简单若尔当曲线或由若干简单若尔当曲线组成的曲线都是康托尔意义下的曲线.但皮亚诺曲线填满正方形因而有内点，故已经排除在康托尔的曲线之外，所以，康托尔的曲线定义进一步完善了若尔当的定义.

从曲线定义的历史进程我们看到，数学概念的形成和发展需要不同时代不同民族的共同的努力和贡献，数学作为人类文明所创造的辉煌成果理所当然地应该属于全人类！

后　　记

　　拙作终于收笔,展现在作者面前的是一个五彩缤纷的"曲线之美"的世界.

　　作者早年读过《奇妙的曲线》(马库希维奇),《双曲函数》(舍尔瓦多夫),《包络》及《图形的面积相等与组成相等》(波尔强斯基),《坐标法》(庞特列雅金),《等周问题》(蔡宗熹),《椭圆和行星卫星的轨道》(杨纪珂,黄吉虎),苏联和我国数学家为青少年读者撰写的这些普及性著作,读来妙趣横生,其中巧妙的方法和深刻而优美的结论,简直使人拍案叫绝.作者正是受了它们的"诱惑"而曾经沉湎于对其中的一些有趣的问题的思考,拙作恰是作者多年以来学习和思考的产物.拙作的内容许多是经典的,而有些(如对安全抛物线、等角螺线、摆线即最速降线的处理)则为作者所独创,作者习惯于在作品中力求更多一些属于自己的东西.

　　拙作是一本普及性的读物,适合于中学生、中学数学教师、初入大学的大学生及广大数学爱好者.作者认为这类著作应当有利于读者培养兴趣,扩大知识面,提高能力,增进修养.我们没有一般地讨论曲线,而是讨论一些具体的常见的曲线.拙作更重视的是思考和处理问题的方法.对于同一个问题,我们常常从不同的角度用不同的方法解决,而不单纯地满足于结论本身.这正好体现了数学结论的客观真理性和数学理论体系的和谐美.

　　拙作的出版离不开朋友和家人的关心,作者深切感谢邓国栋、曹孟辉、曾小平、肖正、肖妍给予的鼓励、支持和帮助,感谢中国科学技术大学出版社的支持.作者才疏学浅,书中错漏之处在所难免,诚恳地希望读者批评指正.

拙作拥有一个美妙的书名.曲线是美妙的,欣赏曲线应当怀有一种美好的心情,成书期间,作者正是怀着这种心情笔耕纸上,周身如沉浸在"美"的感受之中:美的曲线,美的心情,美与美如此交融,简直分不清哪个更美!

愿将这份感受与心情与读者共享!

　　　　　　　　　　　　　　　　　肖果能

2015 年 10 月于上海华虹公寓

中国科学技术大学出版社中学数学用书